Mathematisch=Physikalische Bibliothek

Unter Mitwirkung von Fachgenossen herausgegeben von
Oberstud.-Dir. Dr. **W. Lietzmann** und Oberstudienrat Dr. **A. Witting**
Fast alle Bändchen enthalten zahlreiche Figuren. kl. 8.

Die Sammlung, die in einzeln käuflichen Bändchen in zwangloser Folge herausgegeben wird, bezweckt, allen denen, die Interesse an den mathematisch-physikalischen Wissenschaften haben, es in angenehmer Form zu ermöglichen, sich über das gemeinhin in den Schulen Gebotene hinaus zu belehren. Die Bändchen geben also teils eine Vertiefung solcher elementarer Probleme, die allgemeinere kulturelle Bedeutung oder besonderes wissenschaftliches Gewicht haben, teils sollen sie Dinge behandeln, die den Leser, ohne zu große Anforderungen an seine Kenntnisse zu stellen, in neue Gebiete der Mathematik und Physik einführen.

Bisher sind erschienen: (1912/27):

Der Gegenstand der Mathematik im Lichte ihrer Entwicklung. Von H. Wieleitner. (Bd. 50.)
Beispiele z. Geschichte d. Mathematik. Von A. Witting u. M. Gebhardt. 2. Aufl. (Bd. 15.)
Ziffern und Ziffernsysteme. Von E. Löffler. 2., neubearb. Aufl. I: Die Zahlzeichen d. alt. Kulturvölker. II: Die Zahlzeichen im Mittelalter u. i. d. Neuzeit. (Bd. 1 u. 34.)
Der Begriff der Zahl in seiner logischen und historischen Entwicklung. Von H. Wieleitner. 3. Aufl. (Bd. 2.)
Wie man einstens rechnete. Von E. Fettweis. (Bd. 49.)
Archimedes. Von A. Czwalina. (Bd. 64.)
Die 7 Rechnungsarten mit allgemeinen Zahlen. Von H. Wieleitner. 2. Aufl. (Bd. 7.)
Abgekürzte Rechnung. Nebst einer Einführung in die Rechnung mit Logarithmen. Von A. Witting. (Bd. 47.)
Interpolationsrechnung. Von B. Heyne. [In Vorber. 1927.]
Wahrscheinlichkeitsrechnung. Von O. Meißner. 2. Auflage. I: Grundlehren. II: Anwendungen. (Bd. 4 u. 33.)
Korrelationsrechnung. Von F. Baur. [U. d. Pr. 1927.]
Die Determinanten. Von L. Peters. (Bd. 65.)
Mengenlehre. Von K. Grelling. (Bd. 58.)
Einführung in die Infinitesimalrechnung. Von A. Witting. 2. Aufl. I: Die Differentialrechnung. II: Die Integralrechnung. (Bd. 9 u. 41.)
Gewöhnliche Differentialgleichungen. Von K. Fladt. (Bd. 72.)
Unendliche Reihen. Von K. Fladt. (Bd. 61.)
Kreisevolventen und ganze algebraische Funktionen. Von H. Onnen. (Bd. 51.)
Konforme Abbildungen. Von E. Wicke. (**Bd.** 73.)
Vektoranalysis. Von L. Peters. (Bd. 57.)
Ebene Geometrie. Von B. Kerst. (Bd. 10.)
Der pythagoreische Lehrsatz mit einem Ausblick auf das Fermatsche Problem. Von W. Lietzmann. 3. Aufl. (Bd. 3.)
Der Goldene Schnitt. Von H. E. Timerding. 2. Aufl. (Bd. 32.)
Einführung in die Trigonometrie. Von A. Witting. (Bd. 43.)
Sphärische Trigonometrie. Kugelgeometrie in konstruktiver Behandlung. Von L. Balser. (Bd. 69.)
Methoden zur Lösung geometrischer Aufgaben. Von B. Kerst. 2. Aufl. (Bd. 26.)
Nichteuklidische Geometrie in der Kugelebene. Von W. Dieck. (Bd. 31.)
Einführung in die darstellende Geometrie. Von W. Kramer. I. Teil: Senkr. Projektion auf eine Tafel. (Bd. 66.) II. Teil: Grund- und Aufrißverfahren. Allgemeine Parallelprojektion. Perspektive. [U. d. Pr. 1927.] (Bd. 67.)

Fortsetzung siehe 3. Umschlagseite

Springer Fachmedien Wiesbaden GmbH

MATHEMATISCH-PHYSIKALISCHE
BIBLIOTHEK
HERAUSGEGEBEN VON W. LIETZMANN UND A. WITTING
===================== 2 =====================

DER BEGRIFF DER ZAHL

IN SEINER LOGISCHEN UND HISTORISCHEN
ENTWICKLUNG

VON

Dr. H. WIELEITNER

OBERSTUDIENDIREKTOR DES NEUEN REALGYMNASIUMS
IN MÜNCHEN

DRITTE DURCHGESEHENE AUFLAGE

MIT 10 FIGUREN IM TEXT

1927

Springer Fachmedien Wiesbaden GmbH

ISBN 978-3-663-15594-2   ISBN 978-3-663-16167-7 (eBook)
DOI 10.1007/978-3-663-16167-7

**PHOTOMECHANISCHES GUMMIDRUCKVERFAHREN DER DRUCKEREI
B. G. TEUBNER IN LEIPZIG**

AUS DEM VORWORT ZUR ERSTEN AUFLAGE.

Im vorliegenden Bändchen wird versucht, die Entwicklung des Zahlbegriffs von der absoluten ganzen Zahl an bis zu den gewöhnlichen komplexen Zahlen zu schildern. Damit läuft parallel eine Darstellung der historischen Entwicklung. Es wurde hier besondere Sorgfalt darauf verwendet, alle Angaben auf den Stand der heutigen Forschung zu bringen. Für die hierbei geleistete wesentliche Hilfe sagt der Verfasser Herrn G. Eneström (Stockholm) herzlichen Dank.

Pirmasens, im Juli 1911.

VORWORT ZUR ZWEITEN AUFLAGE.

Von kleinen Verbesserungen abgesehen, wurde versucht, durch Weglassung unwichtigerer Stellen den heutigen Papierverhältnissen entsprechend etwas Raum zu sparen. Das Bändchen wird durch Bd. 7 der Sammlung: *Die sieben Rechnungsarten,* auch in den historischen Bemerkungen ergänzt.

Speyer, im März 1918.

VORWORT ZUR DRITTEN AUFLAGE.

In dieser Auflage wurden nur einige kleine Verbesserungen angebracht.

München, im Mai 1927.

H. WIELEITNER.

INHALT.

		Seite
§ 1.	Die natürlichen Zahlen und die Null	1
§ 2.	Die negativen Zahlen	6
§ 3.	Die Brüche	13
§ 4.	Die Irrationalzahlen	26
§ 5.	Die imaginären Zahlen	43
	Weiterführende Literatur	58
	Namen-Index	59

§ 1. DIE NATÜRLICHEN ZAHLEN UND DIE NULL.

Im Jahre 1894 veröffentlichte der Forschungsreisende K. von den Steinen ein Buch *„Unter den Naturvölkern Zentralbrasiliens"*. Aus diesem erfuhr man, daß am Xingu, einem Nebenflusse des Amazonenstroms, ein Volksstamm wohnt, die Bakairi, denen die über 6 liegenden Zahlen schon zu groß erscheinen. Sie fahren sich in die Haare, um etwas nicht mehr Zählbares anzudeuten. Wir andern sind durch die Billionen der Inflationszeit verwöhnt und denken kaum daran, daß auch jeder von uns einmal auf diesem bakairischen Standpunkte sich befand.

Die allerelementarsten Bedürfnisse des täglichen Lebens müssen ja den Menschen schon auf der niedrigsten Stufe seiner Entwicklung mit zwingender Gewalt veranlassen zu zählen. Daß diese Zählung zu allermeist ursprünglich eine Zuordnung der gezählten Gegenstände zu den Fingern der Hände war, ist nachgewiesen, und schon Aristoteles (384—322 v. Chr.) hob diesen Ursprung des dekadischen oder Zehnersystems hervor. Es ist ja offenbar, daß das einfache Fortzählen unter Bildung von lauter neuen, unabhängigen Zahlwörtern bald daran seine Grenze fände, daß man jede Übersicht verlöre, sowohl über die Zahlwörter als auch über die abgezählte Menge. Infolgedessen haben alle Völker Einschnitte in die Zahlenreihe gemacht, die einen schon bei 3, 4 oder 5, die Mehrzahl bei 10, einige bei 20 und 60. Die Eingeborenen der Südseeinseln benutzen beim Zählen Steinchen. Sind 10 Steinchen beisammen, so legen sie ein kleines Stückchen von einem Kokosnußstiel beiseite; zehn solcher Stückchen werden durch ein größeres Stück eines ebensolchen Stiels ersetzt. Wir tun nichts wesentlich anderes, wenn wir an unsere Eins Nullen anhängen. Trotzdem liegt darin ein ungeheurer Fortschritt, da unser System uns gestattet, beliebig große Zahlen darzustellen.

§ 1. Die natürlichen Zahlen und die Null.

Wir gehen auf die Schreibung der Zahlen mit Ziffern hier nicht näher ein, da Herr Löffler hierüber eigene Bändchen in dieser Sammlung herausgegeben hat.[1]) So erwähnen wir nur, daß unsere Zahlenschreibung zuerst bei den Indern auftritt. Ob freilich diese selbst die Erfinder waren, wird neuestens stark bezweifelt. Arabisch nennt man die Ziffern deshalb, weil wir sie etwa im zehnten Jahrhundert n. Chr. von den Arabern übernahmen, die sie vielleicht selbst von den Indern erlernt hatten. Unser System ist ein »Positionssystem«, d. h. ein System, wo jede Ziffer durch ihre Stellung den jeweiligen Wert angewiesen erhält. Im Gegensatze dazu betrachte man nur das römische Ziffernsystem, das die Zahlen im allgemeinen additiv aufbaut. Bei den Indern hatte jede Zehnerstufe einen eigenen Namen. In dem alten Nationalepos *Mahabharata* kommen solche bis 10^{17} vor. Man kennt aber aus einer anderen, leider nicht datierbaren Dichtung Bildungen bis zu 10^{53}, die zu einem System zusammengefaßt noch fünf bis sechs ebensolche Systeme über sich haben. Nach dem *Mahābhārata* gab es $24 \cdot 10^{15}$ Götter, und Buddha sollte 600 000 Millionen Söhne gehabt haben. Ein indisches Volksmärchen erzählt aber von einer Affenschlacht, an der 10^{40} Affen teilgenommen haben sollen. Von einer solchen Zahl macht man sich überhaupt keine Vorstellung. Aber H. Schubert hat in seinen *Mathematischen Mußestunden*[2]) schätzungsweise ausgerechnet, daß diese Affen in einer Kugel, die unser ganzes Planetensystem bis zum Neptun umschließen würde, so eng man sie auch nebeneinander setzte, nicht Platz hätten.

Einen rein wissenschaftlichen Zweck verfolgte Archimedes (287—212 v. Chr.), der gleichfalls versuchte, möglichst große Zahlen auszudrücken. In einer Schrift, die *Psammites*, »Sandrechnung«, heißt, zeigte er, daß es unrichtig sei anzunehmen, die Menge des Sandes sei unendlich groß oder wenigstens nicht aussprechbar. Ja er wagte zu behaupten, daß er auch die Menge des Sandes, die die ganze Weltkugel bis zu den

---

1) E. Löffler, *Ziffern und Ziffernsysteme*. Band 1 und Band 34 dieser Sammlung.
2) Große Ausgabe 3 Bde., 3. Aufl., Leipzig, 1907/09; kleine Ausgabe 1 Bd., 4. Aufl., Berlin 1924.

Fixsternen ausfüllen würde, angeben und das Zahlensystem beliebig fortsetzen könne. Zu dem Zwecke baute er sich ein eigenartiges Positionssystem mit 10^8 als Einheit aus und die Zahl, zu der er gelangt, ist, wenn wir von ein paar Nullen absehen, $10^{8 \cdot 10^8 \cdot 10^8}$, hätte folglich $8 \cdot 10^{16}$ Nullen.[2])

Im Abendlande dauerte es lange, bis man dazu kam, für größere Zahlen Benennungen einzuführen. Tausend wurde ja schon von Griechen und Römern benutzt, und die Griechen nannten 10 000 eine Myriade, aber höhere Einheiten sind erst nachweisbar in des französischen Mathematikers Chuquet († um 1500) erst i. J. 1880 gedrucktem Werke *Le Triparty en la science des nombres* (vollendet 1484), der die Bezeichnung Million für 10^6, Billion für 10^{12}, Trillion für 10^{18} usw. wahrscheinlich dem in Italien schon einige Zeit herrschenden Gebrauche entnahm. In Deutschland tritt das Wort Million zum erstenmal auf bei dem Rechenmeister Chr. Rudolff aus Jauer (1526); aber in Rechnungen verwendeten Rudolff und der berühmte Adam Riese aus Annaberg in Sachsen (1492—1559) nur »Tausend mal Tausend«. Es ist bemerkenswert, daß die Franzosen von der Million als Einheit wieder abgingen und dafür Tausend nahmen. »Billion« bedeutet demnach heute bei ihnen 10^9, wie schon in J. Trenchants *Arithmétique*, die zum erstenmal 1558 erschien, »trillion« 10^{12} usw. Daneben erhielt in Frankreich auch noch das Wort »milliard« die Bedeutung von 10^9, d. i. 1000 Millionen. Bei uns wurde »die Milliarde« erst volkstümlich, seit Frankreich 1871 zu 5 Milliarden Francs Kriegsentschädigung verurteilt worden war.

Was sind nun die Gegenstände unserer Zählungen? Männer, Herdentiere bei den primitiven Völkern, Götter, Affen bei den Indern, Sandkörner bei Archimedes, Geld zu allen Zeiten, also lauter Dinge, die unter einen gemeinsamen Begriff, der ziemlich eng ist, fallen. Tiefer stehenden Völkern oder Kindern wird es schon Schwierigkeiten machen, einen Mann, ein Pferd und ein Schaf als drei Dinge (Lebewesen) abzuzählen oder gar die Dreizahl auf einen Mann, einen Kirchturm und einen Federhalter anzuwenden. Erst, wenn

---

[1]) Siehe Bd. 25 der Sammlung: W. Lietzmann, *Riesen und Zwerge im Zahlenreich*, S. 11/12.

§ 1. Die natürlichen Zahlen und die Null.

der Mensch das zustande bringt, wird ihm der reine Begriff der »natürlichen Zahl« zugänglich sein, als »einer Vielheit, die durch die Einheit gemessen wird«, wie schon Aristoteles in seiner *Metaphysik* definierte.

Ob die Eins selbst auch als Zahl anfzufassen sei, war einzelnen Mathematikern bis ins 17. Jahrhundert hinein zweifelhaft. Sie hielten 1 nach dem Vorgange der Pythagoreer (6.—4. Jahrh. v. Chr.) für keine Zahl, sondern nur für den Ursprung, die Wurzel der Zahlen, übersahen aber dabei, daß sie nur die Eins als Einheit, als zahlenbildendes Moment, im Auge hatten, nicht die Anzahl 1. Das hatte schon Aristoteles richtig erkannt, indem er sagte, Eins sei auch eine Vielheit, wenn auch eine kleine. Der Stoiker Chrysippos (282—209 v. Chr.) hatte sogar direkt von der »Menge Eins« gesprochen.

Das ist ja eigentlich eine müßige Frage. Wichtiger ist die Auffassung der Null. Die Ägypter hatten wohl seit den ältesten Zeiten eine Hieroglyphe für Null, Nichts, die aber, da die Ägypter kein Positionssystem hatten, nicht als Ziffer aufgefaßt werden kann. Denn daß die Null als Ziffer erst Wichtigkeit in einem Positionssystem erhält, ist ohne weiteres ersichtlich. Um 37 und 307 zu unterscheiden, muß eben irgend etwas Ähnliches eingeführt werden. Dann müßten wir sie am allerersten bei den Babyloniern antreffen, wo schon seit unvordenklichen Zeiten eine Art von sexagesimalem, d. h. nach der Grundzahl 60 fortschreitendem Positionssystem eingeführt war. Merkwürdigerweise haben aber die bisherigen Ausgrabungen, die allerdings nur einen ganz kleinen Teil des im Schutt Verborgenen zutage förderten, kein Beispiel ans Licht gebracht, wo eine Null im Innern einer ganzen Zahl hätte auftreten müssen. Wo aber wir am Ende der Zahlen Nullen schreiben würden, setzten die Babylonier einen wagrechten Strich, indem sie die Anzahl der fehlenden Stellen durch Punkte andeuteten, oder sie ließen auch diese Andeutung weg. Dann konnte man in den Einmaleinstäfelchen die höheren Zahlen von den niederen nur durch besondere Maßnahmen unterscheiden, auf die wir nicht eingehen können. Die Entstehung dieser Täfelchen verlegt man ins 3. Jahrtausend vor Christus. Von der Verwendung eines eigentlichen Nullzeichens bei den Babyloniern ist bis zur Stunde nichts Sicheres bekannt.

Man könnte nur allenfalls das Zeichen, das sie in Sexagesimalbrüchen (vgl. S. 18) hin und wieder anwendeten, um das Fehlen einer Stelle anzudeuten, für ein solches nehmen.

Was die Babylonier etwa sonst von der Null als Zahl für einen Begriff hatten, wissen wir natürlich noch weniger. Daß aber die Ägypter diesen Begriff wenigstens in einem gewissen Sinne besaßen, scheint aus folgendem hervorzugehen Eine Inschrift an dem Tempel des Horus zu Edfu in Oberägypten läßt ersehen, daß die ägyptischen Feldmesser noch um das Jahr 100 v. Chr. mit einer Näherungsformel für die Fläche des Vierecks arbeiteten, durch die das Quadratwurzelziehen vermieden wurde und die bei Vierecken, deren Winkel sich von 90^0 wenig unterschieden, ganz brauchbar war. Diese Formel war, wenn wir die aufeinander folgenden Seiten des Vierecks mit a, b, c, d bezeichnen:
$$F = \frac{a+c}{2} \cdot \frac{b+d}{2}.$$

Was uns nun hier besonders interessiert, ist, daß sie mit dieser Formel auch Dreiecke berechneten, indem sie die eine Seite des Vierecks gleich Null setzten, wofür sie das erwähnte Zeichen benutzten. Wir können uns das schwer anders denken, als daß sie die Vorstellung einer Reihe von Vierecken sich bildeten, bei denen etwa die Seiten $a, b, c,$ immer gleich blieben, während d durch fortgesetztes Abnehmen schließlich zu Null wurde. Das ist doch der deutliche Begriff der Zahl Null als unterer Grenze aller positiven Zahlen. Darüber werden wir noch ausführlicher sprechen.

Auch wann die Null bei den Indern als Ziffer und Zahl eingeführt wurde, ist nicht bekannt. Die Form der indischen Null soll ein kleiner Kreis oder ein Punkt gewesen sein. Ob aber die Inder selbständige Erfinder dieser Ziffer sind, erscheint wie bei den übrigen Ziffern nicht unbestritten. Man weiß bestimmt, daß die griechischen Astronomen schon im 2. Jahrh. v. Chr. die Stelle, wo in ihren von den Babyloniern übernommenen Sexagesimaldarstellungen eine Stelle fehlte, durch ein o, d. i. ein griechisches Omikron, das vielleicht als Anfangsbuchstabe des Wortes οὐδέν (udén = nichts) gedacht war, ersetzten. Und es ist ebenso bekannt, daß nach den Alexanderzügen die indische Kultur nicht unbeträchtlich von der griechischen beeinflußt wurde.

Daß die Griechen die Null als Zahl nicht auffaßten, ersieht man unter anderem daraus, daß Diophant (3./4. Jahrh. n. Chr.) die Null als Lösung einer Gleichung verwarf. Dieser Standpunkt pflanzte sich fort durch das ganze Mittelalter, unbeeinflußt von der daneben bestehenden, bedeutend fortentwickelten Auffassung der Inder, für die wir in der Bruchlehre ein sprechendes Beispiel geben werden. Als Zeichen für die Differenz zweier gleichen Größen tritt 0 im 16. Jahrhundert öfters auf. Aber erst um die Mitte des 16 Jahrhunderts, bei Tartaglia und Cardano, wird die Null als Zahl betrachtet. Damit bereitete sich im Abendlande der Umschwung vor, der zur Anerkennung der Zahl Null führte. Des Niederländers Albrecht Girard *Invention nouvelle en l'algèbre* (1629), des französischen Philosophen René Descartes *Géométrie* von 1637 und noch mehr die lateinische Ausgabe von 1659, wegen eines wichtigen Anhanges von Johann Hudde, bilden die Grenzsteine der griechischen Auffassung, nicht bloß für die Null, sondern auch für die negativen Zahlen, zu deren Betrachtung wir nun übergehen.

§ 2. DIE NEGATIVEN ZAHLEN.

Obwohl die negativen Zahlen erst so spät Bürgerrecht im Zahlenreiche erhielten, gehört der Begriff doch heute zum geistigen Besitzstand eines großen Volksteiles. Beweis dafür sind Redeweisen wie „negative Erfolge", die „negative Seite" einer Unternehmung, das photographische „Negativ". Die Bezeichnung tritt gerne auf im Gegensatze zum Erfolgreichen, Direkten, das man dann auch im gewöhnlichen Leben als „positiv" bezeichnet. In diesem Sinne sprechen sogar unsere Schüler von „negativen Noten", die sicher bei keiner der in Deutschland üblichen Bezeichnungsweisen unter Null liegen. Aber sie nehmen eben unwillkürlich das gerade noch Genügende als Norm und zählen von da aus nach auf- und abwärts. Dieser Gegensatz, der uns in der Form von Vermögen und Schuld, von Vorwärts und Rückwärts, von Wärme- und Kältegraden geläufig genug ist, war es wohl auch, der die Inder, die sonst gar keine Symbolik besaßen, zur Einführung einer eigenen Kennzeichnung — eines Pünktchens (auch Kreuzchens) über oder neben der Ziffer — für die negativen Zahlen veranlaßte. Auch die Stellung von Problemen und ihre Lösung durch Gleichungen mußte ja bald zu negativen Größen führen. Das wollen wir zunächst erläutern, uns dabei aber der modernen Rechensymbole bedienen.

Wir wollen zuerst die einfache Forderung stellen, eine Zahl zu suchen, zu der man 31 zählen muß, um 52 zu erhalten. Heißt man die gesuchte Zahl x, eine Bezeichnung, die auch durch Descartes' *Géométrie* eingeführt wurde, so muß man die Gleichung anschreiben:

$$x + 31 = 52, \qquad (1)$$

wobei das Gleichheitszeichen am besten mit »soll gleich sein« wiedergegeben wird. Jedermann weiß ja, daß die »Lösung« dieser Gleichung

$$x = 52 - 31 = 21 \qquad (2)$$

ist. Das »Verfahren« aber, mittels dessen man — bewußt oder unbewußt — solche Gleichungen wie (1) auflöst, ist folgendes. Man wendet den Grundsatz an: „Sind zwei Größen gleich, so bleibt gleiches übrig, wenn man von jeder das Gleiche wegnimmt." Die zwei gleichen Größen sind hier die beiden Seiten der Gleichung (1), nämlich $x + 31$ und 52. Links muß man offenbar, um x allein zu erhalten, 31 wegnehmen. Der Grundsatz sagt uns, daß wir rechts auch 31 wegnehmen müssen, wenn die Setzung des Gleichheitszeichens zwischen beiden Seiten noch berechtigt sein soll. So entsteht Gleichung (2).

Nun kommt es vor, daß man die nämliche Aufgabe öfters, nur immer mit anderen Zahlwerten zu lösen hat, z. B. die Zinsen eines Kapitals für eine gewisse Zeit zu einem bestimmten Zinsfuß zu berechnen. Wir bleiben aber hier zunächst bei unserer einfachen Aufgabe, eine Zahl zu suchen, zu der man eine bestimmte andere Zahl zählen muß, um eine zweite bestimmte Zahl zu erhalten. Die Notwendigkeit, Aufgaben in solch allgemeiner Weise lösen zu können, führte allmählich dazu, daß man Zahlen, denen man nachträglich verschiedene Werte geben wollte, durch Buchstaben bezeichnete. Ganz konsequent tat dies erst François Viète (1540—1603). Nennen wir demzufolge die Zahl, die wir zu x addieren wollen, b, die Zahl, die wir als Summe erhalten wollen, a, so wird aus unserer Gleichung (1):

§ 2. Die negativen Zahlen.

(1*) $x + b = a$, und die Lösung ergibt: $x = a - b$. (2*)
Setzen wir $a - b = d$, so ist also nach (1*)
$$d + b = a. \qquad (1\dagger)$$
Die mit a und b bezeichneten Größen sind dabei natürliche Zahlen, aber man sieht sofort, daß die Größe d nur dann ebenfalls eine natürliche Zahl wird, wenn a größer als b ($a > b$) ist. Der Standpunkt, der Gleichung (1*) in allen andern Fällen eine Lösung abzusprechen, ließ sich auch so lange durchführen, als man nur mit bestimmten Zahlen rechnete. Man konnte mit Recht sagen: eine Zahl, zu der man 31 zählen muß, um 31, oder um 30 zu erhalten, gibt es nicht. Mit Einführung der allgemeinen Größen aber ergeben sich mancherlei Schwierigkeiten. Soll z. B. mit der durch (1†) bestimmten Größe d weiter gerechnet werden, so müßte erst untersucht werden, ob dies eine Zahl ist oder nicht. Bei den Gleichungen zweiten Grades müßte man drei Fälle unterscheiden, solche mit zwei, solche mit einer und solche mit gar keiner Lösung, auch wenn die dabei auftretende Quadratwurzel ausziehbar wäre (vgl. § 5). Solche Momente führten dazu, die Lösung (2*) der Gleichung (1*) auch dann für möglich, für wirklich zu erklären, wenn erstens $a = b$, zweitens a kleiner als b ($a < b$) ist.

Hat man $a = b$, so lautet die Gleichung (1*):
$$x + a = a. \qquad (3)$$
Die formale Lösung lautet nach (2*):
$$x = a - a. \qquad (3^*)$$
Es wird $d = 0$, und man hat statt (1†):
$$0 + a = a, \qquad (3\dagger)$$
eine Gleichung, die uns ganz vertraut ist, die aber erst dadurch einen Sinn bekommen konnte, daß man der Null den Charakter einer Zahl beilegte. Es ist die Definitionsgleichung für die Zahl Null.

In dem anderen Falle, daß $a < b$, daß also eine natürliche Zahl $d = a - b$ nicht existiert, kann man jedenfalls
$$b - a = e \qquad (4)$$
bilden. Setzen wir dann, zunächst uns an den altindischen Gebrauch anlehnend:

(4*) $a - b = \bar{e}$, so haben wir nach (1†): $\bar{e} + b = a$ (5)

als Definitionsgleichung der negativen Zahl $\dot{e}$, wenn $a < b$. Zieht man hier auf beiden Seiten a ab, so ergibt sich:
$$\dot{e} + e = 0, \qquad (6)$$
d. h. die beiden Zahlen e und $\dot{e}$ ergänzen sich gegenseitig zur Null, und da man jetzt wieder auf beiden Seiten e oder $\dot{e}$ abziehen kann, erhält man:
$$\dot{e} = 0 - e, \quad e = 0 - \dot{e}. \qquad (7)$$
Hier läßt man die Null entsprechend der Gleichung (3†) weg und schreibt: $\dot{e} = -e, \quad e = -\dot{e}.$ (7*)
Daraus rechtfertigt es sich, daß wir das Minuszeichen, das eigentlich eine Subtraktion ausdrückt, zur Bezeichnung der negativen Zahlen benutzen, und man sieht gleichzeitig, daß e und $\dot{e}$ von der Null nach entgegengesetzten Seiten gleichen Abstand haben.

Nun haben gewiß schon einzelne Mathematiker früherer Zeiten den in die Augen springenden Vorteil der Einführung von negativen Zahlen erkannt. Aber sie hatten mit dem Vorurteil der großen Menge oder der eigenen Fachgenossen zu kämpfen, und da die negativen Zahlen vor Einführung des Rechnens mit allgemeinen Größen immerhin sich nicht mit zwingender Gewalt aufdrängten, ließ man sie fallen. So sagt der Inder B h ā s k a r a (geb. 1114 n. Chr.) wörtlich: „Die Leute billigen selbständig auftretende negative Zahlen nicht." Und bei C h u q u e t (s. S. 3) kommt, wenn es nicht eine spätere Einschiebung ist, ein Beispiel einer Zerlegung der Zahl 20 vor, wo die beiden Teile sich als $+27\frac{2}{11}$ und $-7\frac{3}{11}$ ergeben. C h u q u e t läßt diese Lösung durchaus gelten, „wenn auch andere Autoren solche Zahlen für unmöglich halten mögen". Ja, Michael Stifel sprach schon 1544 in seiner *Arithmetica integra* (d. h. »die gesamte Arithmetik«) die Wahrheit aus, die wir oben ableiteten, daß die negativen Zahlen kleiner als Null seien und die 0 eine Stellung zwischen den beiden Zahlenarten einnehme. Der schon erwähnten Schwierigkeit, daß man einer Gleichung höheren Grades bald soviel, bald soviel Lösungen zuschreiben mußte, je nachdem sie nur positive Lösungen zuließ oder nicht, wurde dann Girard (s. S. 6) Herr, indem er zeigte, daß jede Gleichung zweiten Grades zwei, jede dritten Grades drei, überhaupt jede Gleichung so viele Lösungen habe, als ihr Grad angibt,

§ 2. Die negativen Zahlen.

wenn man nur alle Gattungen von Lösungen gelten lasse. Zu der Kühnheit dieser Forderung wurde er angefeuert durch seine Entdeckung, daß man die Koeffizienten der Gleichung in einer gewissen Weise durch die Lösungen ausdrücken könne, aber wieder nur unter gleichmäßiger Berücksichtigung aller Lösungen.

Die Buchstabenzeichen selbst aber bedeuteten bis Hudde (s. S. 6) immer nur positive Größen. Für uns ist ja mit der Gleichung
$$x + b = a \qquad (8)$$
jede der Gleichungen
$$\left.\begin{array}{r}x - b = a, \; x + b = -a,\\ x - b = -a,\end{array}\right\} \qquad (9)$$
mitgelöst. Wir setzen eben nachträglich negative Zahlen für a und b in (8) ein, wenn es nötig ist. Das wagte erst Hudde. Noch Descartes schrieb, wenn er das Vorzeichen unbestimmt lassen wollte, einen Punkt statt des Vorzeichens. Descartes' Verdienst, das wir S. 6 ebenfalls hervorhoben, ist mehr ein indirektes. In der analytischen Geometrie, deren Grundlagen in der *Géométrie* entwickelt werden, ist es nämlich nötig, den Punkten einer Geraden Zahlen zuzuordnen. Diese müssen natürlich von einem festen Punkte der Geraden, dem Nullpunkte, aus gezählt werden, und es wurde mit der Zeit selbstverständlich, daß, wenn nach der einen Seite die positiven Zahlen aufgetragen werden, nach der andern die negativen aufzutragen sind. Da die analytische Geometrie bald Gemeingut aller Mathematiker wurde, fand auch der Gedanke der Gleichberechtigung positiver und negativer Größen, der sich bei Descartes noch nicht findet, von da ab überall, wenn auch nicht sehr rasch, Eingang.

Der Zahlengeraden wollen wir noch einen Augenblick unsere Aufmerksamkeit schenken. Die Figur 1 wird für sich

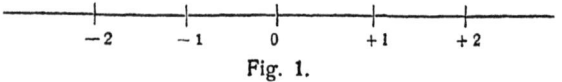

Fig. 1.

selbst sprechen und keiner Erklärung bedürfen. Die Strecke 0 bis $+1$ wurde willkürlich angenommen. Man könnte nur vielleicht im Zweifel sein, ob man bei anderer Annahme dieser Einheitsstrecke, etwa wenn man sie tausendmal so groß nähme, ebensoviel Zahlen erhielte. Mit dieser Frage betreten wir aber offenbar das Gebiet der unendlichen Mengen. Davon hier nur so viel. Wenn wir auf einer anderen Geraden unter Zugrundelegung einer anderen Einheitsstrecke, die sich zur ersten wie $m:1$ verhalte, die Zahlen auftragen, die wir zur Unterscheidung mit Strichen versehen, so können wir die beiden Geraden uns jedenfalls in eine solche Lage gebracht denken, daß ein Paar entsprechender Punkte, etwa die Nullpunkte selbst, sich decken. Verbinden wir dann $+1$ mit $+1'$, $+2$ mit $+2'$ usw., -1 mit $-1'$, -2 mit $-2'$ usw. durch gerade Linien, so sind diese nach dem Verhältnissatze sämtlich parallel (Fig. 2).

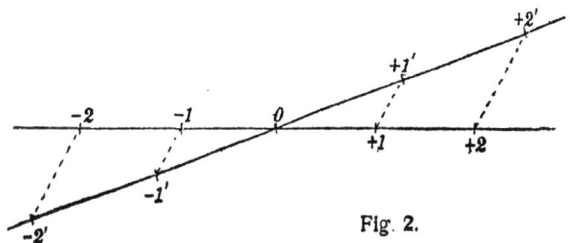

Fig. 2.

Übertragen wir nun den Begriff der Gleichheit zweier endlichen Mengen, nach welchem jedem Elemente der einen Menge ein und nur ein Element der anderen Menge muß zugeordnet werden können, auf unendliche Mengen, so sehen wir, daß wir die Zahlenmengen der beiden Geraden jedenfalls in diesem Sinne als gleich bezeichnen dürfen; denn zu jedem Punkte auf der einen Geraden gibt es einen und nur einen auf der andern, den man durch die betreffende Parallele erhält.

Je weiter wir freilich auf der Zahlengeraden in dem einen oder anderen Sinne hinausgehen, desto mehr müssen wir eine innere Anschauung an Stelle der äußeren treten lassen, und mancher möchte gerne erfahren, wie es denn nun »ganz draußen« aussieht. In allen solchen Fällen nun, wo wir von dem Wirklichen keine rechte Vorstellung haben, müssen wir uns, in der Mathematik nicht weniger als in der Physik, eine Abbildung machen, die dem schwer Vorstellbaren in den

§ 2. Die negativen Zahlen.

wesentlichen Punkten entspricht. Wollen wir unsere Zahlengerade in diesem Sinne abbilden, so müssen wir vor allem darauf sehen, daß die Abbildung wie oben eindeutig und eindeutig umkehrbar ist. Das erreichen wir, wenn wir sie auf einen Kreis in der Weise übertragen, daß wir alle Punkte der Zahlengeraden mit einem festen Punkte P des Kreises verbinden (s. Fig. 3) und den zweiten Schnittpunkt der Verbin-

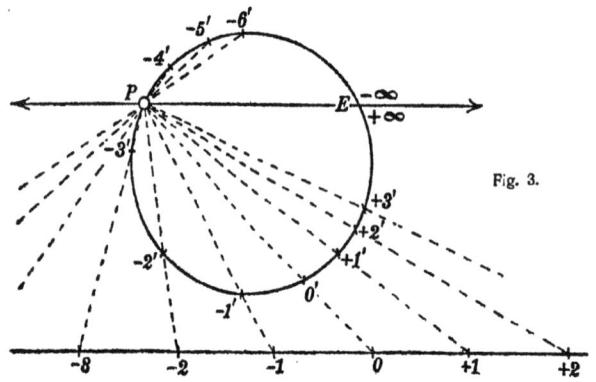

Fig. 3.

dungslinie als Zahlenpunkt auf dem Kreise auffassen. Der Punkt P sei so gewählt, daß die Tangente in P an den Kreis weder zur Zahlengeraden parallel läuft, noch durch einen Zahlenpunkt der Geraden hindurchgeht. Dann sieht man, daß die ganze Zahlenreihe sich auf den Kreis überträgt, wobei freilich nur die Reihenfolge der Zahlen gewahrt bleibt, nicht ihr Abstand. Aber das ist gerade mit einer der Gründe, weswegen wir die Abbildung vornehmen. Auf der Zahlen»geraden« leisten die Zahlen nicht bloß eine Abzählung der bezeichneten Punkte, sondern sie messen auch die Strecken, die zwischen ihnen liegen. Die Strecke zwischen den Zahlenpunkten i und k hat, was i und k auch sein mögen, immer die Länge $|i-k|$, wenn wir durch die Einschließung zwischen zwei senkrechte Striche, nach K. Weierstraß († 1897), andeuten, daß das Resultat der Subtraktion »absolut«, d. h. ohne Rücksicht auf ein Vorzeichen genommen werden solle. Ist z. B. $i=7$, $k=3$, so ist $|i-k|=4$, ebenso wenn $i=3$, $k=7$ genommen wird. Ist $i=2$, $k=-3$, so wird $|i-k|=|2-(-3)|=2+3=5$ usw. Wir können das auch so ausdrücken, daß wir sagen, auf der Zahlengeraden sind die Zahlen sowohl Kardinalzahlen als Ordinalzahlen. Auf unserem Zahlenkreise sind sie nur mehr Ordinalzahlen.

Dieser Mangel gegenüber der Zahlengeraden ist aber für unseren Zweck ein Vorteil. Denn dadurch, daß sich die Zahlen immer mehr zusammendrängen, bringen wir sie alle auf der Kreislinie unter, bei nur einmaliger Umlaufung. Der Punkt aber, gegen den sie sich drängen, ist der Schnittpunkt E der durch P mit der Zahlengeraden parallel gezogenen Geraden. Je mehr wir auf der Zahlengeraden in der Richtung der positiven Zahlen fortschreiten, desto mehr nähern wir uns auf dem Kreise dem Punkte E von unten, je mehr wir im Sinne der negativen Zahlen fortschreiten, von oben. Der Punkt E kann also, da die Annäherung von beiden Seiten her unbegrenzt ist, aufgefaßt werden als das Bild einer unendlich großen positiven ($+\infty$), wie einer unendlich großen negativen Zahl ($-\infty$), und indem wir unwillkürlich oder auch bewußt die Eigenschaften des Bildes auf das Original zurücktragen, können wir sagen, daß die Reihe der positiven Zahlen mit der der negativen durch das Unendliche, oder im unendlich fernen Punkt, ähnlich zusammenhängt wie im Nullpunkt.

§ 3. DIE BRÜCHE.

Wenn wir die negativen Zahlen vor den Brüchen besprachen, so folgten wir nicht dem historischen Gange, der sich noch im Unterricht unserer Volksschulen spiegelt, wo Brüche sehr früh, negative Zahlen aber gar nicht behandelt werden. Bruchzahlen wurden in der Tat bei allen einigermaßen entwickelten Völkern auf der frühesten Stufe zugelassen und der Rechnung unterworfen. Der Wege, die zu den gebrochenen Zahlen führen, sind in der Tat so viele und ihre Einführung ist so unumgänglich, daß uns ihr frühes Auftreten kaum wundert. Es ist vor allem die Teilung und die Messung, die sich bald als mit ganzen Zahlen allein nicht ausführbar erweisen mußten.

§ 3. Die Brüche.

Ein Bataillon Soldaten besteht aus 4 Kompagnien. Die Menge der in den einzelnen Kompagnien stehenden Soldaten braucht weder gleich groß noch überhaupt bekannt zu sein, um die Vierzahl der Kompagnien festzustellen, die bei dieser Zählung als Einheiten auftreten. Die 4 Kompagnien können durch eine Aufstellung des Bataillons unterschieden oder auch nur durch ihre Hauptleute dargestellt werden. Anders, wenn etwa der Befehl an das Bataillon erginge, 5 gleichstarke Kompagnien zu bilden. Jetzt kann man wohl zuerst sehen, ob sich nicht jede Kompagnie in 5 gleiche Teile teilen läßt. Hat nun etwa jede der 4 ursprünglichen Kompagnien 5 Züge, so wird man einen solchen Zug als neue Untereinheit auffassen. Das Bataillon hat dann $4 \cdot 5$ Züge, und aus 4 Zügen wird man jede neue Kompagnie bilden. Im Verhältnis zur alten Einheit, der Kompagnie, ist die neue, der Zug, der fünfte Teil oder $\frac{1}{5}$. Der fünfte Teil von 4 Einheiten, also das Resultat der Teilung $4:5$ ergibt sich dann als viermal so groß wie der fünfte Teil einer Einheit, als $\frac{4}{5}$, was wir der Wichtigkeit wegen noch in die Form der Gleichung bringen:
$$4:5 = \frac{4}{5} = 4 \cdot \frac{1}{5}.$$

Dabei ist es gleichgültig, ob die vordere Zahl kleiner oder größer ist als der Teiler. Es ist ebenso
$$7:5 = \frac{7}{5} = 7 \cdot \frac{1}{5}.$$

Die Messung mußte zu den nämlichen Begriffsbildungen führen. Man habe die Länge eines Gegenstandes, eines Baumstammes, eines Gebäudes, die Höhe einer Mauer oder Ähnliches zu messen. Man legt die eingeführte Maßeinheit so oft nacheinander hin, sagen wir viermal, bis ein Rest bleibt, der kleiner als sie ist. Jetzt teilt man die Maßeinheit in eine gewisse Anzahl von Teilen, nehmen wir 10, betrachtet $\frac{1}{10}$ der Einheit als neue Einheit und sieht, wie oft diese Untereinheit in dem Rest enthalten ist. Geht dies 7 mal auf, so ist die Maßzahl der Reststrecke $\frac{7}{10}$, und die des ganzen Gegenstandes $4\frac{7}{10}$, oder durch die Untereinheit allein ausgedrückt $\frac{47}{10}$. Bleibt bei der Messung durch die Untereinheit nochmals ein Rest, so kann man diesen mit einer Untereinheit zweiter Ordnung messen. Sei diese wieder der 10. Teil

der ersten Untereinheit und gehe sie in dem neuen Rest 3-
mal auf, so ist die Maßzahl der ganzen Strecke:

$$4 + \frac{7}{10} + \frac{3}{100} = \frac{473}{100}.$$

Es kann natürlich für eine einzelne Messung zweckmäßiger sein, die ursprüngliche Maßeinheit in 3 oder 4 Teile zu teilen statt in 10. Aber auch wenn die Untereinheiten bereits festgelegt sind, erhält man praktisch immer einen Bruch als Maßzahl. Denn wenn auch theoretisch $\frac{1}{3}$ einer Strecke durch das $\frac{1}{10}$ derselben Strecke nicht abschließend gemessen werden kann, so findet die Messung nach Einführung immer weiterer Untereinheiten an der Ununterscheidbarkeit kleinerer Teile bald eine Grenze. Bei einem Baumstamm, einem Gebäude, einer Mauer wird z. B. niemand das m in mehr als 100 Teile teilen.

Auch die Stellung von Problemen, oder die Lösung der diese vertretenden Gleichungen, mußte zu den Brüchen führen. Man suche z. B. eine Zahl, deren 5 faches gleich 15 sein soll. Nennen wir die gesuchte Zahl x, so wird die Aufgabe durch die lineare Gleichung ausgedrückt:

$$5x = 15,$$

und jedermann weiß, daß hieraus

$$x = 15 : 5 = \frac{15}{5} = 3 \text{ folgt}.$$

Die Buchstabenrechnung hatte auch hier notwendig zur Folge, daß man die Beschränkung fallen ließ, nach welcher der Faktor von x ein Teiler der gegebenen Zahl auf der rechten Seite sein sollte, damit die Division ausführbar war. Denn stellen wir die Aufgabe allgemein: Man suche eine Zahl x, deren b-faches gleich a sei, unter a und b natürliche Zahlen verstanden, so lautet die zugehörige Gleichung:

$$bx = a, \qquad (1)$$

und eine Lösung dieser Gleichung wäre nur dann möglich, wenn a ein Vielfaches von b wäre ($a = nb$); denn dann hätte man

$$x = \frac{a}{b} = n \qquad (2)$$

wieder gleich einer ganzen Zahl. Eine solche Einschränkung hätte aber der Rechnung mit allgemeinen Größen jede

Entwicklungsmöglichkeit genommen, da man mit einer derartigen Bruchform $\frac{a}{b}$ nur dann hätte weiterrechnen dürfen, wenn schon bekannt gewesen wäre, daß der Zähler ein Vielfaches des Nenners war. In der allmählichen Abstreifung solcher Beschränkungen liegt auch, wie dies E. E. Kummer 1896 einmal in einer Festrede ausdrückte, der wesentliche Inhalt der Arithmetik. So fassen wir (2) immer als Lösung von (1) auf und, wenn für n keine ganze Zahl angegeben werden kann, so ist eben

$$b \cdot n = a \qquad (3)$$

die »Definitionsgleichung« für n. Dabei ist es auch gleichgültig, ob $a \gtreqless b$ ist. Für $a = b$ setzt man folgerichtig $n = 1$. Aus (3) ergibt sich auch sofort die Haupteigenschaft der Brüche, daß Zähler und Nenner mit derselben Zahl multipliziert oder dividiert werden dürfen. Wenn man in (3) links und rechts mit der beliebigen ganzen Zahl t multipliziert, dann hat man nämlich

$$n = \frac{a}{b} = \frac{at}{bt}. \qquad (4)$$

Man heißt einen Bruch »irreduzibel«, wenn er nicht mehr gekürzt werden kann, Zähler und Nenner also keinen gemeinschaftlichen Faktor enthalten.

Hat man erst für das Rechnen mit relativen Zahlen — so nennt man die mit Vorzeichen versehenen Zahlen im Gegensatz zu den absoluten (s. § 1) — die Regeln festgelegt, so bietet es keine Schwierigkeiten, auch Brüchen die Eigenschaft der Relativität beizulegen, d. h. sie mit Vorzeichen auszustatten, wo es nötig ist. Es ist ohne weiteres verständlich, daß man auch die Teile von Thermometergraden über Null mit „+", unter Null mit „—" bezeichnen wird, und jedermann begreift, was es heißt, wenn für den Wasserstand der Elbe am Pegel in Magdeburg $-\frac{3}{4} m$ angegeben wird.

Wir wollen nun sehen, in welcher Weise die verschiedenen Völker dem Begriffe der gebrochenen Zahl nahetraten. Dabei müssen wir auf eine Schwierigkeit aufmerksam machen, die in der Geschichte der Mathematik häufig zutage tritt. Überliefert ist uns nur, was die einzelnen Mathematiker konnten, nicht aber, was sie sich dabei dachten. Wir sind deshalb bei der Beurteilung früherer Leistungen zu sehr geneigt, den alten Mathematikern unsere Gedanken unterzulegen. Davor muß man versuchen sich ebenso zu hüten wie vor dem andern Extrem, ihnen alles abzusprechen, was nicht unmittelbar in den überlieferten Schriften steht.

Ein Beispiel: Wir finden bei den Babyloniern außer Sexagesimalbrüchen nur eigene Bezeichnungen für die Sechstel der Einheit, also für $\frac{1}{6}, \frac{1}{3}, \frac{1}{2}, \frac{2}{3}, \frac{5}{6}$. Sonst treten, mit Sicherheit vom 3. Jahrh. v. Chr. an, nur Brüche auf von der Form

$$\frac{2}{60} + \frac{17}{60^2} + \frac{4}{60^3} + \frac{48}{60^4} + \frac{63}{60^5} + \frac{20}{60^6},$$

und diesen Bruch haben wir nicht etwa selbst willkürlich gebildet; er kommt in der babylonischen Mondrechnung wirklich vor. Nur sind die Nenner überhaupt nicht geschrieben, sondern nur die Zähler nebeneinander gesetzt. Der Stellenwert muß sich aus dem Zusammenhang ergeben. Sollten nun die Babylonier andere Brüche, etwa wie $\frac{3}{7}$, nicht gekannt, sollten sie von derartigen Teilzahlen keine Vorstellung gehabt haben? Dies anzunehmen, wäre das eine der angedeuteten Extreme. Was tun denn wir, wenn wir uns von der Größe der Zahl $\frac{3}{7}$ einen deutlichen Begriff machen wollen? Wir stellen $\frac{3}{7}$ durch einen Dezimalbruch dar:
$$\frac{3}{7} = 0{,}42857\ldots,$$
d. h. wir schreiben $\frac{3}{7}$ in der Form
$$\frac{3}{7} = \frac{4}{10} + \frac{2}{10^2} + \frac{8}{10^3} + \frac{5}{10^4} + \frac{7}{10^5} + \ldots,$$

weil wir infolge von Gewöhnung eine genauere Vorstellung nur mit den nach Potenzen von 10 fortschreitenden Unterabteilungen verknüpfen. Und wenn jemand nach 2000 Jahren bei uns nachforschte und nicht gerade auf Schülerhefte stieße, sondern kaufmännische Bücher oder Gerichtsakten ans Licht zöge, würde er da viel andere als Dezimalbrüche antreffen? Woher kommt nun das? Wenn wir uns darüber klar sind, werden wir die Bruchschreibung der Babylonier, Ägypter und Römer, so verschieden sie ist, begreifen. Wir sind eben nichtimstande, uns die verschiedenen Teilungen der Einheit in 3, 4, 5, 6, 7 usw. Teile gleich gut nebeneinander vorzustellen. Daher bringen wir Brüche, wenn wir sie in bezug auf die Größe vergleichen wollen, auf denselben Nenner, und wenn wir die Brüche im praktischen Leben verwenden wollen, machen wir Dezimalbrüche daraus. Daß wir für alle Bruchteile eine bequeme Bezeich-

18 § 3. Die Brüche.

nung haben und mit allen Brüchen zu rechnen verstehen — hier muß das »wir« schon sehr eingeschränkt werden — ist gewiß ein Fortschritt gegenüber den alten Völkern, aber diesen auch den »Begriff« von anderen als den schriftlich überlieferten Brüchen abzusprechen, ist sicher zu weitgehend.

Das andere Extrem, mehr in den vorgefundenen Dokumenten zu lesen, als sie uns sagen können, läßt sich gleichfalls an der Bruchschreibung der Babylonier erläutern. Da kommen Brüche vor von der Art, wo wir die Nenner jetzt ebenfalls weglassen: 10 4   11 32.
Man erkennt aus dem Zusammenhang, daß 10 die Einer vorstellt. Dann kommen offenbar $\frac{4}{60}$, hierauf eine deutliche Lücke. Es ist klar, daß hierdurch das Fehlen der 60^2-tel angezeigt werden soll. Die Zahl lautet also:

$$10 + \frac{4}{60} + \frac{11}{60^3} + \frac{32}{60^4}.$$

Wir wiesen nun schon S. 5 darauf hin, daß hin und wieder in diese Lücke ein Zeichen gesetzt ist, das in anderen babylonischen Texten auch vorkommt und überall das Fehlen von irgend etwas andeutet. Es wurde z. B. auch als Trennungszeichen am Schlusse der Zeilen benutzt. Kann man dieses Zeichen nun als ein Symbol für die Null ansehen? Ein entschiedenes Ja schiene uns hier zu voreilig. Die Null als Zahl bedeutete es sicher nicht. Es zeigte nur das Fehlen einer Stelle im Positionssystem an. Aber das nicht einmal konsequent bei den Brüchen; bei den ganzen Zahlen wurde es überhaupt nicht verwendet.

Die Ägypter, die schon für die ganzen Zahlen kein Positionssystem hatten, konnten natürlich auch zur Darstellung der Brüche keines verwenden. Das nämliche Streben nach besserer Übersicht, das uns leitet, wenn wir Brüche auf gleichen Nenner bringen, veranlaßte sie, nur Brüche mit dem Zähler 1 zu betrachten, andere Brüche aber in eine Summe von solchen »Stammbrüchen« zu zerlegen. So setzten sie

$$\frac{3}{7} = \frac{1}{3} + \frac{1}{14} + \frac{1}{42}. \tag{1}$$

Man kann vermuten, daß das etwa so gefunden wurde:

$$\frac{3}{7} = \frac{7+2}{21} = \frac{1}{3} + \frac{2}{21}. \tag{2}$$

Die Zerlegung des Bruches $\frac{2}{21}$ steht schon in dem ältesten ägyptischen Dokument dieser Art, dem im Britischen Museum zu London aufbewahrten »Papyrus Rhind«[1]), dem sog. Rechenbuch des Ahmes, dessen Entstehung auf etwa 1800 v. Chr. gesetzt wird. Es ist

$$\frac{2}{21} = \frac{3+1}{42} = \frac{1}{14} + \frac{1}{42}. \qquad (3)$$

Das Anfangsglied $\frac{1}{3}$ der Zerlegung (1) ist in dem »Fund-Papyrus«[2]) aus der Römerzeit erhalten, während der Rest zerstört ist. Die ganze Zerlegung (1) gibt mit Sicherheit erst ein Papyrus von Akhmim aus dem 7. oder 8. Jahrh. n. Chr. Ahmes führt nur Zerlegungen für Brüche mit dem Zähler 2 und ungeraden Nennern bis 99 an, z. B. folgende:

$$\frac{2}{7} = \frac{1}{4} + \frac{1}{28}. \qquad (4)$$

Hieraus könnte man erhalten:

$$\frac{3}{7} = \frac{1}{4} + \frac{1}{7} + \frac{1}{28}. \qquad (5)$$

Diese Zerlegung ist aber wohl nicht ägyptisch. Denn wenn wir auch nicht wissen, wie die Zerlegung bewerkstelligt wurde, so sind doch gewisse Regeln zu beobachten, darunter die, daß meist zuerst der größtmögliche Stammbruch herausgezogen wurde, d. i. in diesem Falle $\frac{1}{3}$, nicht $\frac{1}{4}$. Dann die Regel, mit einem möglichst kleinen Schlußnenner auszukommen. Aus diesem Grunde wäre z. B.

$$\frac{3}{7} = \frac{1}{5} + \frac{1}{7} + \frac{1}{14} + \frac{1}{70} \qquad (6)$$

zu verwerfen. Auch Zerlegungen mit zwei gleichen Nennern, wie

$$\frac{3}{7} = \frac{1}{3} + \frac{1}{21} + \frac{1}{21}, \qquad (7)$$

kommen nicht vor.

Die Brüche sind so geschrieben, daß die Nenner der einzelnen Stammbrüche einfach nebeneinander gesetzt sind. Um anzudeuten, daß statt der Kardinalzahl der zugehörige Stammbruch zu nehmen sei, steht über der Zahl die Hieroglyphe für »Mund«, die später in einen Punkt überging.

---

1) Rhind hieß der ursprüngliche Besitzer des Papyrus.
2) Von Hultsch so genannt, weil der Papyrus dem »Egypt Exploration Fund« in London gehört.

§ 3. Die Brüche.

Wenn man sich üben würde, wäre es kaum viel unpraktischer, mit diesen Stammbruchsummen zu rechnen, wie mit den babylonischen Sexagesimalbrüchen. Die einen wie die andern kann man an einer beliebigen Stelle abbrechen, um Näherungswerte zu erhalten. Für genaue Berechnungen mit beliebigen Brüchen ist die ägyptische Darstellung im Vorteil, da die Anzahl der Glieder immer endlich ist. Dem steht freilich der Umstand gegenüber, daß jeder Bruch auf unbegrenzt viele Arten in solche Summen zerlegt werden kann. Wie dem sei, um mit den Stammbruchsummen so zu rechnen, wie es die Ägypter schon in der frühesten Zeit wirklich konnten, mußte man den Bruchbegriff in seiner ganzen Ausdehnung erfaßt haben, wenn auch außer den Stammbruchformen nur für $\frac{2}{3}$, das immer an Stelle von $\frac{1}{2} + \frac{1}{6}$ gesetzt wurde, ein eigenes Zeichen schriftlich überliefert ist.

Über die Leistungen der Griechen können wir rasch hinweggehen. Sie knüpften im praktischen Rechnen an die Ägypter, im wissenschaftlichen an die Babylonier an, deren Sexagesimalbrüche die griechischen Astronomen vom 2. Jahrhundert v. Chr. an übernahmen. Während aber das ägyptische Rechnen immer mehr zurücktrat, hielten sich die Sexagesimalbrüche bis ins 17. Jahrh., als das Dezimalbruchrechnen, von dem wir gleich sprechen werden, sich schon Bahn gebrochen hatte. Das einzig Selbständige der Griechen ist eigentlich nur, daß sie eine Bezeichnung für beliebige Brüche einführten, die man bei dem Techniker Heron, der zu Alexandria in nachklassischer Zeit lebte, antrifft.

Merkwürdigerweise haben im Bruchrechnen die Römer, sonst in der Mathematik nur mittelmäßige Schüler der Griechen, ein ganz eigenartiges System, das auf der Basis 12 beruht, geschaffen. Anfangs nur als Unterabteilungen der Gewichts- und Münzeinheit, des »As«, gedacht, bildeten sich diese Zwölftel und ihre kleineren Teile später zu allgemeineren Maßbegriffen aus. Alle Zwölftel hatten eigene Namen, angefangen von »uncia« $= \frac{1}{12}$, wovon das alte Apothekergewicht »Unze«, bis zu »deunx« für $\frac{11}{12}$. Dann hatten eigene Bezeichnungen die Größen $\frac{1}{24}$, $\frac{1}{36}$, $\frac{1}{48}$, $\frac{1}{72}$, $\frac{1}{144}$ und $\frac{1}{288}$ = scrupulum, das auch der Name eines Apothekergewichts wurde. Die Hälfte $\frac{1}{576}$ des Scrupel wurde später »obolus« genannt, und es gab noch für den dritten Teil des Obolus eine

Griechen und Römer.

eigene Benennung: $\frac{1}{728}$ = siliqua. Mit diesen »Minutien« — so nannte man die Unterteile des As — zu rechnen, war keine Kleinigkeit. Es mußten für Brüche mit anderen Nennern auch gebrochene Zähler verwendet werden; z. B. ist die Bezeichnung »sescuncia« für $\frac{1}{8} = \frac{1\frac{1}{2}}{12}$ mehrfach überliefert. War auch das zu unbequem, so mußte man sich mit Annäherungen begnügen. Trotz dieser Mängel drang mit der römischen Zahlenschreibung auch das Rechnen der Römer im nördlichen Europa ein und konnte sich dort bis ins 18. Jahrh. erhalten, vorzugsweise bei Kaufleuten und Behörden. Teilrechnungen wurden dabei mittels Rechensteinen auf dem Rechenbrett, »Abacus« genannt, ausgeführt. Daneben entwickelte sich das Rechnen mit unseren Ziffern etwa seit dem 12. Jahrh., hauptsächlich bei den Gelehrten. »Abacisten« hieß man die einen, »Algorithmiker« die — vielfach angefeindeten — Neuerer.

Dieses Wort »Algorithmiker« hat eine eigentümliche Herkunft, auf die wir gleich kommen werden. Wir müssen zuerst noch bei den Indern Umschau halten, was diese in der Auffassung der Brüche leisteten. Daß bei ihnen, den nächsten Nachbarn Babylons, Sexagesimalbrüche auftreten, ist nicht verwunderlich und nichts Originales. Die weitaus verbreitetere Art der Schreibung ist aber in Indien vielleicht vom 7. Jahrhundert n. Chr. an ganz die unsere, nur fehlt der Bruchstrich, den die Araber erfanden, von welchen ihn Leonardo von Pisa in sein Buch vom Abacus (*Liber Abbaci*) 1202 übernahm. Im übrigen gibt der Inder Brahmagupta (geb. 598 n. Chr.) alle Regeln fast genau wie wir. Nur wurden die Ganzen nicht wie heute vor den Bruch, sondern über ihn gestellt:
$$4\frac{3}{8} = 3\frac{4}{8}.$$

So sehen wir im Altertum das Bruchrechnen vier verschiedenen Quellen entspringen. Es waren die Araber, die vermöge ihrer Beziehungen zu den Griechen des oströmischen Reiches und zu den angrenzenden Indern imstande waren, diese Quellen in ein Bett zu leiten. Das älteste Rechenbuch der Araber, das wir kennen, ist von Alchwārasmī und etwa um 820 n. Chr. verfaßt. Der Name dieses Mannes ist es, der in »Algorithmus« latinisiert wurde und durch ein komisches Mißverständnis die Bedeutung »Rechnungsverfahren« erhielt. Alchwārasmī selbst gibt über das Bruchrechnen der Inder wenig; er war Astronom und arbeitete daher lieber mit Sexagesimalbrüchen. Aber spätere Verfasser, wie Alnasawi (11. Jahrh. n. Chr.) holten das nach, und lateinisch schreibende Mathematiker des 13. Jahrh. bearbeiteten diese Quellen entweder unmittelbar oder schöpften wenigstens aus ihnen. Auf solche Art kam das Rechnen mit beliebigen Brüchen nach dem Abendlande, wo es der Darstellung nach in Simon Stevins *Arithmétique* von 1585 einen Höhepunkt erreichte.

Ob die Inder das dezimale Positionssystem, wie die Babylonier ihr sexagesimales, auch nach rückwärts, d. h. zu Dezimalbrüchen fortsetzten, ist nicht bekannt. In einer Bearbeitung des Rechenbuchs von Alchwārasmī (etwa aus dem 12. Jahrh.) wird zwar beim Quadratwurzelziehen der ganzen Zahl eine gerade Zahl von Nullen angehängt, der Bruchteil aber dann sexagesimal ausgedrückt (vgl. S. 41). Bei Georg von Peurbach (1423—1461) und anderen Astronomen mischten sich sexagesimale und dezimale Teilungen des Radius zum Zwecke der Berechnung von trigonometrischen Tafeln, bis Peurbachs Schüler Regiomontan (1436—1476) den Radius gleich 10^5 setzte. Damit wurden die Funktionswerte fünfstellige ganze Zahlen, und es hätte nur mehr eines vorauszustellenden »0,« bedurft (wodurch der Radius gleich 1 gesetzt worden wäre), daß die Werte mit den uns geläufigen übereingestimmt hätten. Dezimalbrüche benutzte erst Rudolff 1530, indem er die den Ganzen folgenden Ziffern durch einen senkrechten Strich abtrennte. Da aber Rudolffs *Exempel Büchlin* nicht sehr bekannt wurde, wird gewöhnlich der obengenannte Stevin, Ingenieur bei Wilhelm von Oranien, als Erfinder genannt. Dieser behandelte sie ausführlich in einem Anhang zur *Arithmétique*. Seine Bezeichnung ist allerdings umständlich. Ebenso unabhängig scheinen Viète (s. S. 7) und der Schweizer Joost Bürgi (1552—1632), der auch einer der Erfinder der Logarithmen ist, auf den nämlichen Gedanken gekommen zu sein. Weiter verfolgen wir den langsamen Siegeslauf der Dezimalbrüche nicht, da neue Begriffe nicht dabei hervortreten.

Es fragt sich nun aber, inwieweit die Brüche, die wir bei allen Völkern auftreten sahen, von diesen als Zahlen aufgefaßt wurden. Hierbei ergibt sich wieder die Schwierigkeit, die wir S. 18 19 andeuteten. Wir wissen nicht, was die Babylonier, Ägypter und alle andern sich dachten, wenn sie mit Brüchen multiplizierten, dividierten usw. Nur von Diophant (vgl. S. 6) weiß man bestimmt, daß er sie als wirkliche Zahlen wie die positiven ganzen Zahlen auffaßte, da er beide »Zahlen« nannte und sie als Gleichungslösungen zuließ, während er Null und negative Größen als solche ablehnte. Aber auch bei den Ägyptern werden lineare Gleichungen behandelt, deren Lösung oft eine gebrochene Zahl ist. Man muß jedenfalls sagen, daß alle Völker einen gewissen Teil unseres ganz allgemeinen Zahlbegriffes durch die Brüche als erfüllt erkannten, den Teil eben, den sie zu benutzen wußten. Wenn ein Schreiner sagt, ein Tisch sei $\frac{3}{4}$ m breit, so hat er doch einen Teil des Begriffes der Zahl $\frac{3}{4}$, wenn er auch nicht versteht, was mit $\frac{3}{4}$ multiplizieren bedeutet. Daß bei einer solchen Multiplikation etwas Kleineres herauskommt als die multiplizierte Zahl, machte einigen Verfassern von Rechenbüchern noch im 16. Jahrh. begriffliche Schwierigkeiten.

Von den Griechen sagt man gerne, daß sie nur die ganzen Zahlen zuließen. Man stützt sich dabei meist auf Euklid, der im 7. Buch seiner berühmten *Elemente* (um 300. v. Chr.) eigens eine Theorie der Verhältnisse zwischen ganzen Zahlen ausführlich darlegte, die das Rechnen mit Brüchen ersetzen sollte. Aber man muß bedenken, daß neben der wissenschaftlichen Mathematik Euklids, die einen Teil des von den Philosophiebeflissenen reiferen Alters zu bewältigenden Stoffes bildete, eine sehr ausgebildete praktische Mathematik bestand, die uns allerdings erst etwa durch Heron (s. S. 20) literarisch belegt wird. Daß diese praktischen Mathematiker von den Brüchen mindestens in dem Sinne von Maßzahlen einen deutlichen Begriff hatten, kann man kaum bezweifeln.

Wir wollen nun unsere Bruchzahlen auf die Zahlengerade aufzutragen suchen. Das unterliegt weder praktisch noch theoretisch irgendwelchen Bedenken. Wollen wir etwa $+ 1\frac{3}{4}$ festhalten, so teilen wir die Strecke zwischen den Punkten

§ 3. Die Brüche.

+ 1 und + 2 in 4 gleiche Teile; der dritte davon, von + 1
aus gezählt, stellt die Zahl + 1¾ dar. Wir bemerken aber
gleich, daß die Zahl +¾ den genau entsprechenden Punkt
auf der Strecke 0 - 1, die Zahl — ¾ den entsprechenden auf
0 - (— 1) usw. ergeben hätte. Wir können uns daher, wenn
wir die Lage der Bruchzahlen zueinander näher ins Auge
fassen wollen, auf die »echten« Brüche zwischen 0 und 1
beschränken. Fangen wir nun an, hier die Punkte einzu-
zeichnen, die ½, dann ⅓, ⅔, ¼, ¾ usw. entsprechen, so kommen wir nicht weit, da die Punkte bald so nahe aneinander

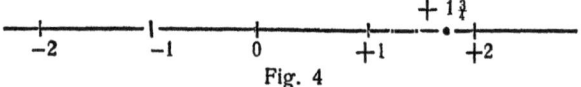

Fig. 4

rücken, daß der feinste Bleistift nicht mehr imstande ist, sie
zu trennen. Auch wenn wir die Eintragungen von vornher-
ein nur bis zu den Hundertsteln fortsetzen wollten und wir
die Strecke 0 - 1 sogar bis zu einem Meter lang annähmen,
so wäre das schon zeichnerisch unmöglich. Greifen wir etwa
die Punkte $\frac{1}{33}$ und $\frac{3}{100}$ heraus, so errechnet sich deren Abstand zu
$$\frac{1}{33} - \frac{3}{100} = \frac{1}{3300},$$
das wäre bei 1 *m* Länge eine Kleinigkeit mehr als 0,3 *mm*,
gerade noch unterscheidbar. Es gibt aber Punkte, die sich
noch viel näher liegen, bis herunter zu der Entfernung von
$\frac{1}{99}$ und $\frac{1}{100}$, die $\frac{1}{9900}m = 0,1$ *mm* ca. wäre. Nichts hindert uns
jedoch, die Teilung in Gedanken fortzusetzen. Denken wir uns
unsere Einheit 1 *km* statt 1 *m* lang, so wird der letzte Abstand schon 101 *mm* und man kann noch einige Zeit weiter
teilen. Bei dieser Art der Anordnung erscheinen aber die
Punkte unregelmäßig über die Strecke verstreut. Während,
wie wir eben sahen, in unserem Beispiele die einander zu-
nächst liegenden Punkte $\frac{1}{99}$ und $\frac{1}{100}$, sowie $\frac{99}{100}$ und $\frac{98}{99}$ die Entfernung $\frac{1}{9900}$ haben, haben die dem Punkte ½ am nächsten
liegenden Punkte — offenbar $\frac{49}{99}$ und $\frac{50}{99}$ — von ½ schon den
Abstand $\frac{50}{9900} = \frac{1}{198}$. Die Punkte drängen sich sichtlich mehr
an die Enden der Strecke. Je weiter wir aber fortfahren,
desto mehr gleicht sich das aus, indem die Abstände auch
gegen die Mitte zu immer kleiner werden. Und denken wir
uns alle Brüche, die sich vorstellen lassen, aufgetragen, so

ist die Strecke 0-1, auch wenn wir sie uns Millionen von *km* lang dächten, so mit Punkten übersät, daß nirgends auch nur des Messers Schneide zwischen zwei aufeinander folgenden Raum fände, ja, daß man von aufeinander folgenden Punkten kaum mehr sprechen könnte.

Um dies recht deutlich zu machen, konstruieren wir uns wieder ein Beispiel. Es sei die Einheitsstrecke 150 000 000 *km* lang, d. i. etwa die Entfernung Sonne-Erde. Wir nehmen den Punkt $\frac{1}{2}$ und grenzen links und rechts von ihm eine Strecke von $\frac{1}{10}$ *mm* ab, welche Brüche liegen dann in diesem Bereich? Die Antwort ist leicht zu geben, wenn sie auch ziemlich viel Ziffern erfordert. Da 0,1 *mm* der 1500 billionte Teil der Einheitsstrecke ist, entsprechen die beiden angedeuteten Punkte den Brüchen

$$\frac{1}{2} - \frac{1}{1500 \cdot 10^{12}} \text{ und } \frac{1}{2} + \frac{1}{1500 \cdot 10^{12}}$$

oder ausgeschrieben

$$\frac{749\,999\,999\,999\,999}{1500\,000\,000\,000\,000} \text{ und } \frac{750\,000\,000\,000\,001}{1500\,000\,000\,000\,000}.$$

Wir wollen die Zähler dieser Brüche mit Z_1 und Z_2 bezeichnen; jetzt multiplizieren wir die Brüche mit t im Zähler und Nenner, wobei wir t aufsteigend gleich 2, 3, 4 usw. schließlich so groß nehmen können, als wir wollen. Dann liegen alle Brüche in dem angedeuteten Zwischenraum, deren Zähler Z der Bedingung genügt:

$$Z_1 t < Z < Z_2 t,$$

während der Nenner $1500 \cdot 10^{12} t$ ist. Anders ausgedrückt: Wir können die kleine Strecke von 0,2 *mm* eben wieder gleichsam als neue Einheit auffassen und von vorn zu teilen anfangen.

Gibt es nun trotz dieser schwindelerregenden Menge der Brüche noch Punkte auf der ohne alle Lücken gedachten Strecke, die uns dabei entgehen? Darüber wollen wir im nächsten Abschnitt sprechen. Hier sei nur noch darauf hingewiesen, daß wir auch beiden Enden der Strecke, der 1 und der 0 durch unsere fortgesetzten Teilungen beliebig nahe kommen. Wenn wir in dem Bruche $\frac{1}{n}$ den Nenner n immer mehr und mehr wachsen lassen, so können wir jede noch so kleine Entfernung von 0 erreichen. Man sagt dann:

die Grenze (lat. »limes«) des Bruches $\frac{1}{n}$, wenn n über alle Grenzen wächst, also schließlich unendlich groß wird, ist Null, und schreibt:
$$\lim_{n \to \infty} \frac{1}{n} = 0.$$
Das ist die Null als Grenzbegriff, die wir bei den Ägyptern wenn auch jedenfalls nur in roher Form vermuteten (s. S. 5), im Gegensatz zu der absoluten Null, die als Resultat bei der Subtraktion gleicher Größen auftritt (S. 8). Daß wir der 1 ebenso nahe kommen, ist einleuchtend. Wir dürfen nur statt des Bruches $\frac{1}{n}$ immer den Bruch $\frac{n-1}{n}$ oder, was dasselbe ist, $1 - \frac{1}{n}$ nehmen und n unbegrenzt wachsen lassen, so wird
$$\lim_{n \to \infty} \frac{n-1}{n} = \lim_{n \to \infty} \left(1 - \frac{1}{n}\right) = 1,$$
da eben $\frac{1}{n}$ schließlich 0 wird. Man denke sich nur etwa die aufsteigende Reihe 0,9; 0,99; 0,999 usw. beliebig fortgesetzt, um dies recht zu erkennen.

§ 4. DIE IRRATIONALZAHLEN.

Gibt es nun wirklich noch andere Zahlen, die auf die Strecke 0-1 aufgetragen mit keinem der durch die ungeheuer vielen Brüche besetzten Punkte zusammenfallen? Um das besser beurteilen zu können, denken wir uns alle Brüche in Dezimalbrüche verwandelt. Ein geringer Teil der Brüche wird dabei endliche Dezimalbrüche ergeben. Das sind diejenigen Brüche, die wie $\frac{3}{10}$, $\frac{27}{100}$ usw. schon Potenzen von 10 als Nenner haben, also sofort in dezimaler Form 0,3, 0,27 usw. geschrieben werden können, und dazu alle jene, deren Nenner, wie bei $\frac{1}{4}$, $\frac{2}{25}$, $\frac{3}{50}$ usw., nur Potenzen von 2 und 5 enthält, also leicht durch Erweitern auf eine Potenz von 10 gebracht werden kann: 0,25, 0,04, 0,06 usw. Alle andern »gehen nicht auf«, sagt man, das heißt, es bleibt bei der Division des Zählers durch den Nenner immer wieder ein Rest, so daß der Dezimalbruch unendlich viele Stellen erhält. Ein Beispiel sei

$$\frac{5}{7} = 0{,}714285\,714285\,714285\,71 \cdots.$$

Unendliche periodische Dezimalbrüche.

Hier bemerkt man sofort, daß immer dieselben 6 Stellen wiederkehren, und man wird sich fragen, ob eine ähnliche »Periode« bei jeder Entwicklung eines Bruches in einen Dezimalbruch auftritt. Um diese Frage zu beantworten, genügt es, die Ursache zu erforschen, warum dies bei $\frac{5}{7}$ der Fall war. Wenn man mit 7 in 50 dividiert, so bleibt zunächst der Rest 1, dann der Rest 3, dann nacheinander 2, 6, 4, 5, jetzt gibt die angehängte Null wieder 50 und es müssen dieselben Stellen wieder erscheinen. In der Tat können ja, wenn wir mit 7 dividieren, nur die Reste 1, 2, 3, 4, 5, 6 auftreten und, wenn diese alle da waren, muß wieder einer dieser 6 Reste kommen. Da aber oben keine neuen Stellen hinzukommen, sondern immerzu Nullen angehängt werden, erscheint auch wieder der nämliche Dividend, der schon da war, und die Rechnung wiederholt sich.

Genau dasselbe tritt ein, wenn wir etwa $\frac{1}{37}$ bilden. Dividieren wir mit 37 in irgendeine Zahl, so kann der Rest 36 bleiben, oder 35, 34, 33 usw. bis herab zu 1, im ganzen also 36 verschiedene Reste. An den Rest wird, wenn der Dividend keine eigenen Ziffern mehr hat, immer wieder eine Null angehängt. War also einmal der Rest 5 da, so wird die nächste Ziffer durch die Division 50 : 36 bestimmt, und wenn der Rest 5 wieder auftritt, so wiederholen sich alle Ziffern, die zwischen dem ersten Auftreten des Restes 5 und dem zweiten Auftreten desselben Restes sich als Quotienten ergaben. Da aber nicht mehr als 36 Reste vorhanden sind, so können dies höchstens 36 Ziffern sein. Wir sagen ausdrücklich »höchstens«. Denn gerade $\frac{1}{37}$ ist ein Beispiel dafür, daß derselbe Rest schon viel eher auftreten kann. Hier ergibt sich zuerst der Rest 1, dann 10, dann 26, worauf sofort wieder 1 als Rest erscheint. Es ist

$$\frac{1}{37} = 0,027\cdot027\cdot027\cdot0\cdots.$$

Warum die Periode für den Nenner 37 nur drei Stellen hat, ist eine Frage, die wir hier nicht näher erörtern können. Wesentlich ist für uns der Nachweis, daß sie mit höchstens 36 Ziffern abschließen **muß**.

Es ist noch nötig darauf hinzuweisen, daß die Periode oft nicht gleich nach dem Komma beginnt. Das ist immer dann

§ 4. Die Irrationalzahlen.

der Fall, wenn der Nenner des Bruches außer anderen Faktoren noch Potenzen von 2 oder 5 enthält, z. B. wird

$$\frac{5}{14} = 0{,}3\dot{5}7142\dot{8}\,\dot{5}7142\dot{8}\,\dot{5}7\cdots,$$

denn es ist $\frac{5}{14} = \frac{5}{7 \cdot 2} = \frac{25}{70} = \frac{25}{7} : 10 = 3\frac{4}{7} : 10$.

Diese 3 Ganzen treten, wenn man mit 10 dividiert, hinter das Komma, die Periode ist die des Bruches $\frac{4}{7}$, wie man sich sofort überzeugt. Oder man hat

$$\frac{28}{925} = 0{,}03\dot{0}2\dot{7}\,\dot{0}2\dot{7}\,\dot{0}\cdots.$$

Es ist nämlich

$$\frac{28}{925} = \frac{28}{37 \cdot 25} = \frac{28 \cdot 4}{3700} = \frac{112}{37} : 100 = 3\frac{1}{37} : 100,$$

und die 3 Ganzen treten wieder vor die Periode (des Bruches $\frac{1}{37}$), hinter das Komma.

Es fragt sich jetzt, ob auch umgekehrt jedem periodischen Dezimalbruch ein gemeiner Bruch entspricht. Zu diesem Behufe brauchen wir nur rein periodische Dezimalbrüche zu betrachten; denn jeden andern kann man ja durch Verstellen des Kommas zu einem solchen machen, und das Verrücken des Kommas kann durch eine Division mit einer Potenz von 10 wieder ausgeglichen werden. Z. B. wäre

$$0{,}4\dot{1}\dot{3}\,\dot{1}\dot{3}\,\dot{1}\cdots = \frac{1}{10} \cdot 4{,}1\dot{3}\,1\dot{3}\,1\cdots$$

oder $\qquad 0{,}71\dot{4}44\cdots = \frac{1}{100} \cdot 71{,}444\cdots.$

Wir wollen nun einen ganz einfachen rein periodischen Dezimalbruch als Beispiel wählen, etwa:

$$z = 0{,}7777777\cdots.$$

Wir bilden $\qquad 10z = 7{,}7777777\cdots.$

Hier steht hinter dem Komma derselbe Dezimalbruch wie bei z selbst. Subtrahieren wir also z von $10z$, so ergibt sich

$$9z = 7; \quad z = \frac{7}{9}.$$

Es wird klar sein, daß man bei zweistelliger Periode, wie bei

$$y = 0{,}23\,23\,23\,23\cdots,$$

auf ähnliche Weise erhält:

$$99y = 23; \quad y = \frac{23}{99},$$

so daß man erkennt: Jeder rein periodische Dezimalbruch ist gleich einem gemeinen Bruch, dessen Zähler die Periode ist und dessen Nenner so viele 9 hat, als die Periode Stellen besitzt.

Die oben als Beispiele benutzten »gemischt-periodischen« Dezimalbrüche hätten hiernach folgende Werte:

$$0{,}4\dot{1}3\dot{1}3\dot{1}\ldots = \frac{1}{10} \cdot 4\frac{13}{99} = \frac{409}{990},$$

$$0{,}71\dot{4}44\ldots = \frac{1}{100} \cdot 71\frac{4}{9} = \frac{643}{900}.$$

Nachdem also jeder unendliche, periodische Dezimalbruch einem gemeinen Bruch gleich ist, brauchen wir bloß zu sehen, ob wir einen Dezimalbruch mit unendlich vielen Stellen, natürlich in Gedanken, herstellen können, der nicht periodisch ist, dann wird die erste Frage dieses Paragraphen, ob es außer den Brüchen noch andere Zahlen gibt, sofort entschieden sein. Da fallen uns gleich mehrere Verfahren ein, dies zu bewerkstelligen. Wir brauchen ja nur die Ziffern alle, die in irgendeinem Rechenbuch stehen, von Seite zu Seite abzuschreiben und hinter das Komma zu stellen, wie sie kommen, daran die Ziffern eines anderen Rechenbuches zu reihen usf. Das gibt gewiß keine Periode. Oder wir lassen uns heute 100 Ziffern von jemand diktieren, morgen 100 Ziffern von jemand anderem usw. Oder wir geben 100 Exemplare von jeder Ziffer in einen Sack und nehmen immer eine Handvoll heraus, die wir hintereinander schreiben. Es ist ja überhaupt äußerst unwahrscheinlich, daß gerade ein periodischer Dezimalbruch entsteht. Wahrscheinlichkeit ist freilich noch kein Beweis. Auch dem Zweifler können wir aber helfen. Wir nehmen einen periodischen Dezimalbruch, etwa

$$d = 0{,}238\ 238\ 238\ 238\ 238\ldots$$

und zerstören systematisch dessen Periode. Auch das kann man auf hundert Arten machen. Aber wir wollen, um diese Sache, die ja jetzt schon einleuchtend genug ist, nicht zu weit zu treiben, nur eine Methode angeben. Wir brauchen nur etwa hinter die erste Periode eine Ziffer, hinter die zweite Periode dieselbe Ziffer zweimal, hinter die dritte die

§ 4. Die Irrationalzahlen.

nämliche Ziffer dreimal usf. zu schreiben, so ist jede Periodizität ausgeschlossen. Nehmen wir 1 als diese Ziffer, so erhalten wir: $d' = 0{,}2381\ 23811\ 238111\ 2\cdots$.
In gleicher Weise wäre
$$d'' = 0{,}2038\ 20038\ 200038\ 2\cdots$$
gewiß unperiodisch.

Wir sind so sicher, auf unendlich viele Arten Dezimalbrüche herstellen zu können mit unendlich vielen Gliedern, die keinerlei Periode haben. Aber sind nun das Zahlen? Gewiß, es sind Zahlen, nicht schlechter als ein Bruch mit einem Nenner von 100 Stellen und einer Periode von einigen Trillionen oder mehr. Es sind Zahlen, auch wenn wir gar nicht wüßten, wo solche vorkommen und ob sie sonst irgendeine Bedeutung haben. Nur können sie nicht auf endliche Weise durch ganze Zahlen mittels der vier bürgerlichen Rechnungsarten ausgedrückt werden, sie können nicht dargestellt werden als ein Quotient, als ein Verhältnis zweier ganzen Zahlen: sie sind »irrational«. Im Gegensatze dazu heißt man dann ganze Zahlen und Brüche »rational«. Das lateinische Wort »ratio«, das in diesem Worte steckt, bedeutet hier »Verhältnis« und ist die direkte Übersetzung des griechischen »lógos«, das Euklid benutzte. Im Englischen hat »ratio« heute noch diese Bedeutung und bei uns kommt es in dem Worte »Ration« in demselben Sinne vor.

Aber bevor wir über die Entdeckung des Irrationalen und die Vervollkommnung dieses Begriffes sprechen, wollen wir ihm noch von einer anderen Seite beikommen, damit wir ihn besser erfassen. Zuerst durch Problemstellungen, die zu Gleichungen von höherem als dem ersten Grade führen; denn letztere werden ja jedesmal durch eine Division gelöst. Da dürfen wir nur verlangen eine Zahl anzugeben, die mit sich selbst multipliziert etwa 2 gibt. Das heißt, wir suchen die Lösung der Gleichung $\quad x^2 = 2.\quad$ (1)
Die meisten Leser werden ja wissen, daß man sagt:
$$x = \sqrt{2}, \qquad (2)$$
d. h. x ist die Quadratwurzel aus 2, die noch positiv oder negativ genommen werden darf. Aber damit sind wir keinen Schritt weiter. Wir haben nur ein Symbol für eine Zahl, die im Quadrat 2 geben soll. Gibt es denn aber eine solche?

Die Quadratwurzel aus Zwei.

Daß es eine ganze Zahl nicht sein kann, sieht man auf den ersten Blick. Aber auch ein Bruch kann es nicht sein. Ein solcher sei $\frac{p}{q}$ und er sei bereits soweit möglich gekürzt; dann müßte

$$\frac{p^2}{q^2} = \frac{p \cdot p}{q \cdot q} = 2 \tag{3}$$

sein. Wenn aber $\frac{p}{q}$ irreduzibel ist (vgl. S. 16), so kann auch, wie man aus (3) ersieht, $\frac{p^2}{q^2}$ nicht gekürzt werden, also nicht gleich 2 sein. Wohl aber können wir durch Probieren Zahlen finden, die wir am besten in Dezimalbruchform bringen, deren Quadrat annähernd gleich 2 ist. Jedenfalls muß eine solche angenäherte Zahl zwischen 1 und 2 liegen. Betrachten wir nun die Quadrate der Zahlen 1,1 , 1,2 , ... 1,9, so finden wir:

$$1{,}4^2 (= 1{,}96) < 2 < 1{,}5^2 (= 2{,}25). \tag{4}$$

Der Zahlenwert von $\sqrt{2}$ liegt also jedenfalls zwischen 1,4 und 1,5 und wir könnten wieder die Quadrate von 1,41 bis 1,49 betrachten. Da dies immer umständlicher wird, je mehr Stellen wir bekommen, kann man folgendermaßen verfahren: Wir setzen

$$\sqrt{2} = 1{,}4 + \alpha \tag{5}$$

und erheben auf beiden Seiten zum Quadrat. Dann ist

$$2 = 1{,}96 + 2{,}8\alpha + \alpha^2. \tag{5*}$$

Da aber $\alpha < 0{,}1$, so ist $\alpha^2 < 0{,}01$, und wir können in (5*) das Glied α^2 für eine erste Annäherung weglassen. Dann erhalten wir für α die Gleichung:

$$2{,}8\alpha = 0{,}04; \quad \alpha = 0{,}014. \tag{6}$$

Wir können nun weiter annehmen:

$$\sqrt{2} = 1{,}414 + \beta. \tag{7}$$

Durch Quadrieren ergibt sich wie oben:

$$2 = 1{,}999396 + 2{,}828\beta + \beta^2 \tag{8}$$

und unter Vernachlässigung von β^2:

$$2{,}828\beta = 0{,}000604; \quad \beta = 0{,}00021. \tag{9}$$

So können wir in Anknüpfung an (4) folgendes Schema bilden:

$$\left.\begin{array}{l} 1{,}4^2 (= 1{,}96) < 2 < 1{,}5^2 (= 2{,}25) \\ 1{,}414^2 (= 1{,}9994) < 2 < 1{,}415^2 (= 2{,}0022) \\ 1{,}41421^2 (= 1{,}999989\,9) < 2 < 1{,}41422^2 (= 2{,}000000\,2), \end{array}\right\} \tag{10}$$

§ 4. Die Irrationalzahlen.

das sich ohne Schwierigkeit erweitern und in Gedanken bis ins Unendliche fortsetzen läßt. Die $\sqrt{2}$ ist also durch einen unendlichen Dezimalbruch ohne Periode darstellbar, d. h. eine »Irrationalzahl« nach unserer obigen Definition. Und nun eröffnet sich uns gleich eine ganze Fülle von Irrationalzahlen, zunächst alle Quadratwurzeln, dann alle dritten Wurzeln usw., die wir auf eine ähnliche Art, wenn auch immer mühsamer, in unendliche Dezimalbrüche verwandeln könnten. Ja wir können sagen: Jeder mit Wurzeln irgendwie zusammengesetzte Ausdruck ist, wenn nicht sämtliche Wurzeln aufgehen, eine Irrationalzahl.

Jeder solche Wurzelausdruck ist die Lösung einer Gleichung. Nehmen wir $x = \sqrt[3]{3}$, so ist $x^3 = 3$ die zugehörige Gleichung. Aus

$$(11) \quad y = \sqrt[3]{2 + \sqrt{2}} \quad \text{erhält man:} \quad y^3 = 2 + \sqrt{2} \quad (12)$$

und, indem man 2 nach links stellt und quadriert:

$$(13) \quad (y^3 - 2)^2 = 2 \quad \text{oder} \quad y^6 - 4y^3 + 2 = 0 \quad (14)$$

als zugehörige Gleichung. Der Satz aber ist in keiner Weise umkehrbar. Denn weder läßt sich jede Lösung einer solchen Gleichung durch einen Wurzelausdruck darstellen, noch ist jede Lösung eine Irrationalzahl in dem hier angenommenen Sinne. Was das letztere betrifft, so werden wir im nächsten Paragraphen Näheres darüber mitteilen, das erstere wollen wir gleich hier noch etwas erläutern.

Die Gleichung (14) ist eine Gleichung 6. Grades. Man erkennt das aus dem höchsten Exponenten 6, der bei der Unbekannten vorkommt. Ähnlich ist

$$x^5 - 4x - 2 = 0 \quad (15)$$

eine Gleichung 5. Grades. Nun hat N. H. Abel im Jahre 1824 nach vergeblichen Bemühungen der bedeutendsten Mathematiker der vorausgegangenen Jahrhunderte bewiesen, daß Gleichungen von höherem als dem 4. Grade im allgemeinen nicht mehr durch Wurzelausdrücke gelöst werden können, wie dies bei Gleichungen 4., 3. und 2. Grades möglich ist. Trotzdem hat z. B. jede Gleichung 5. Grades, wenn sie durch keine rationale Zahl lösbar ist, doch mindestens eine irrationale Lösung. Sie kann aber auch deren drei oder fünf haben, eine Gleichung 6. Grades kann 0, 2, 4, 6 haben, eine Gleichung 7. Grades muß eine, kann aber auch 3, 5, 7 haben usw. Welche Menge von neuen Irrationalzahlen bietet sich hier dar!

Eine Gleichung wie (15) kann man durch ein ganz ähnliches Näherungsverfahren lösen, wie wir es oben zur Lösung der Gleichung $x^2 = 2$, d. h. zur Ausziehung der Quadratwurzel verwendet haben. Es ist nicht der Zweck dieses Büchleins, das auszuführen. Aber der Leser kann sich durch Einsetzen in (15) überzeugen, daß eine Lösung x_1 zwischen 1,518511 und 1,518512 liegt, daß also die Irrationalzahl

$$x_1 = 1{,}518511\cdots \qquad (16)$$

eine Lösung von (15) ist. Setzt man in der Tat $x = 1{,}518511$ in die linke Seite von (15), so ergibt sich rechts statt 0 die Zahl $-0{,}000020$, setzt man aber $x = 1{,}518512$ ein, so ergibt sich $+0{,}000004$. Die Gleichung (15) hat aber noch zwei andere irrationale Wurzeln, die negativ sind, nämlich

$$\left.\begin{array}{l} x_2 = -0{,}508499\cdots, \\ x_3 = -1{,}243596\cdots. \end{array}\right\} \qquad (17)$$

Aber es gibt noch weit mehr Irrationalzahlen. Die Logarithmen fast aller rationalen Zahlen zu irgendwelcher Basis sind irrational; fast alle trigonometrischen Funktionen (Sinus, Cosinus usw.) von Winkeln, die zu 360° ein rationales Verhältnis haben, sind irrational, und zwar beide im allgemeinen nicht durch Wurzeln ausdrückbar. Die Ausnahmen verschwinden gegen die Masse. Bei den Logarithmen zur Basis 10 sind es z. B. nur die Potenzen von 10, die ganzzahlige Logarithmen haben, bei den trigonometrischen Funktionen sind nur diejenigen durch Wurzeln ausdrückbar, die Winkeln entsprechen, welche sich mit Zirkel und Lineal konstruieren lassen. Das sind die Winkel, die mit dem regulären 4-Eck, 6-Eck, 10-Eck, 15-Eck usw. zusammenhängen. Aber alle Funktionen sind doch irrational, mit Ausnahme von $\sin 90° = 1$ und $\sin 30° = \tfrac{1}{2}$, ebenso sind natürlich die Logarithmen der trigonometrischen Funktionen irrational.

Nachdem wir so gesehen haben, welch ungeheures Verbreitungsgebiet die Irrationalzahlen besitzen, wollen wir noch untersuchen, ob sie auch, wie die Brüche, bei der Messung einer Strecke durch eine andere auftreten können. Wir hoben schon (S. 15) hervor, daß dies keine Frage der Praxis

§ 4. Die Irrationalzahlen.

ist, da jede wirkliche Messung infolge Unzulänglichkeit unserer Hilfsmittel und unserer Sinne sehr bald aufgeht. Auch hat ein Tisch oder eine nur hingezeichnete Strecke keine streng definierte Länge, ebensowenig wie das noch so genau geteilte *cm*-Maß, dessen wir uns bedienen. Wir müssen schon zwei Strecken an einer geometrisch definierten Figur herausnehmen und uns fragen, ob die Messung der einen durch die andere zu einer rationalen Maßzahl führen wird oder nicht. Bevor wir zu einem Beispiel übergehen, überlegen wir uns recht, wann dies eigentlich der Fall sein würde. Angenommen, die zu messende Strecke sei 26 *cm* lang, die Einheitsstrecke 14 *cm*. Wir tragen die Einheitsstrecke einmal auf, dann bleibt schon ein Rest, der kleiner ist als sie (nämlich 12 *cm*). Wenn nun aber die Maßzahl eine rationale Zahl werden soll (in diesem Falle $1\frac{6}{7}$ ($= 26 : 14$)), so müssen die beiden Strecken zueinander ein ganzzahliges Verhältnis haben (hier 13 : 7). Es muß also eine kleine Strecke, sagen wir e (hier $= 2$ *cm*) geben, die in beiden Strecken aufgeht, so daß die eine Strecke $13e$ und die andere $7e$ lang ist. Zieht man nun die kleinere Strecke von der größeren, gegebenenfalls auch öfter nacheinander, ab, so steckt das gemeinschaftliche Maß e doch immer auch im Rest ($6e = 12$ *cm*). Um e zu finden, kann man jetzt diesen Rest und die Einheitsstrecke ebenso behandeln, daß man nämlich die Reststrecke von der Einheitsstrecke abzieht. Hier gibt das 2 *cm* ($= 1e$); aber bei einer wirklichen, wenn auch theoretischen Rechnung weiß man noch nicht, welches Vielfache von e man hat, sondern man muß wieder diesen neuen Rest 2 *cm* von dem vorherigen Rest 12 *cm* abziehen, bis ein noch kleinerer Rest bleibt. Hier wird man finden, daß es 6 mal geht und kein Rest mehr bleibt. Daher ist in unserem Beispiel $e = 2$ *cm* das gemeinschaftliche Maß. Man findet dann durch Zurückrechnen, daß es in der Einheitsstrecke 7 mal, in der zu messenden Strecke 13 mal geht, die Maßzahl der letzteren, ausgedrückt durch die erstere, also $\frac{13}{7}$ ist.

Der Leser, der sich etwa dessen noch erinnert, wird schon längst erkannt haben, daß das nämliche Verfahren ja in der Arithmetik angewendet wird, um den größten gemeinschaftlichen Teiler zweier Zahlen zu finden. Dort heißt es »Kettendivision«. Man dividiert mit der kleineren Zahl in die größere, mit dem Rest in die kleinere, mit dem neuen Rest in den vorigen. Der gemeinschaftliche Teiler muß dann in allen Resten stecken. Wenn einer dieser Reste aufgeht, so ist dieser selbst der gesuchte Teiler. Ist der letzte Rest 1, so haben die Zahlen keinen gemeinschaftlichen Teiler. Unser Beispiel könnte man so schreiben (oben stehen die Quotienten, unten die Reste, die gleich immer wieder rechts oben als Divisoren angefügt wurden):

$$26 \overset{1}{:} 14 \overset{1}{:} 12 \overset{6}{:} 2.$$
$$1220$$

2 ist der gemeinschaftliche Teiler. Die Maßzahl $\tfrac{13}{7}$ erhält man dabei eigentlich in folgender Form:

$$\frac{26}{14} = 1 + \frac{12}{14} = 1 + \frac{1}{\frac{14}{12}} = 1 + \frac{1}{1+\frac{1}{6}},$$

d. i. in Form eines »Kettenbruches«. Die Ganzen (1) und die Teilnenner (1, 6) sind unsere Quotienten von vorhin, die wir über die Divisionszeichen geschrieben haben.

Zur Verdeutlichung noch ein Beispiel! Wir suchen den größten gemeinschaftlichen Teiler von 299 und 81:

$$299 \overset{3}{:} 81 \overset{1}{:} 56 \overset{2}{:} 25 \overset{4}{:} 6 \overset{6}{:} 1.$$
$$5625610$$

Die beiden Zahlen haben keinen gemeinschaftlichen Teiler, außer der Einheit, die als letzter Rest auftritt. Hätten wir zwei Strecken von den Längen 299 cm und 81 cm, so wäre 1 cm selbst das gemeinschaftliche Maß. Die Messung der ersten Strecke durch die zweite ergäbe die Maßzahl $\tfrac{299}{81}$, die sich, wie vorhin $\tfrac{26}{14}$, in die Form eines Kettenbruches bringen ließe, nämlich

$$\frac{299}{81} = 3 + \frac{56}{81} = 3 + \frac{1}{\frac{81}{56}} = 3 + \frac{1}{1+\frac{25}{56}} = 3 + \frac{1}{1+\frac{1}{\frac{56}{25}}}$$

$$= 3 + \cfrac{1}{1+\cfrac{1}{2+\cfrac{1}{4+\cfrac{1}{6}}}}.$$

§ 4. Die Irrationalzahlen.

Wir haben dabei dem Leser für die letzten Nenner die Rechnung selbst überlassen und machen auch hier darauf aufmerksam, daß die Zahlen 3, 1, 2, 4, 6 die schon oben bei der Kettendivision aufgetretenen Quotienten sind.

Nun wollen wir versuchen festzustellen, ob die Diagonale eines Quadrates und die Seite ein gemeinschaftliches Maß

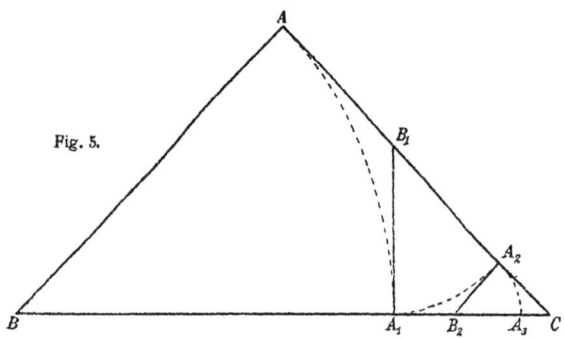

Fig. 5.

besitzen, ob diese beiden Strecken, wie man sagt, »kommensurabel« sind. Dazu brauchen wir nur ein halbes Quadrat zu zeichnen, ein gleichschenklig-rechtwinkliges Dreieck ABC (Fig. 5), und wir wollen die Hypotenuse BC durch die Kathete AB ($=AC$) als Einheit messen. Um das gemeinschaftliche Maß gegebenenfalls zu finden, tragen wir zunächst $BA_1 = BA$ auf der Hypotenuse ab und erhalten den Rest CA_1. Da $2 \cdot BA > BC$, so ist $BA > BC - BA$, also $BA_1 > CA_1$. Es ist also BA in BC nur einmal enthalten. Jetzt nehmen wir den Rest CA_1 in den Zirkel und tragen die Strecke von A aus auf AC ab, zunächst einmal bis B_1: $AB_1 = CA_1$. Verbindet man dann B_1 mit A_1, so wird $B_1 A_1 \perp A_1 C$ stehen. Denn denkt man sich umgekehrt diese Senkrechte in A_1 errichtet und bezeichnet man für einen Augenblick ihren Schnittpunkt mit AC durch B_0, so wird $B_0 A = B_0 A_1$, weil zwei Tangenten von einem Punkt an einen Kreis immer gleich sind. Außerdem ist $CA_1 = B_0 A_1$, weil $\triangle B_0 A_1 C$ wieder ein rechtwinkliges Dreieck mit zwei Winkeln von 45^0 ist. B_0 muß demnach mit B_1 identisch sein und es ist

$$AB_1 = B_1 A_1 = A_1 C,$$

Inkommensurable Längen.

so daß man CA_1 nochmals auf AC abtragen kann, indem man $B_1A_2 = B_1A_1$ macht; CA_2 ist dann der neue Rest. Da nun aber der Punkt A_2 zu dem $\triangle B_1A_1C$ genau so liegt, wie der Punkt A_1 zu dem $\triangle CAB$, so wird man wieder in A_2 das Lot errichten, Punkt B_2 erhalten und $B_2A_3 = B_2A_2$ ($= B_2A_1$) machen, um den neuen Rest CA_3 zu erhalten.

Das gemeinschaftliche Maß, das BC und AB etwa hätten, müßte nach den obigen Ausführungen auch in CA_1 enthalten sein, dann auch in CA_2, CA_3 usw. Man sieht aber, daß diese Konstruktion gar kein Ende erreicht, der Rest also so klein gemacht werden kann, als man will. Demnach gibt es keine noch so kleine Strecke, die gleichzeitig in der Seite und der Diagonale eines Quadrates enthalten ist, die Seite und Diagonale des Quadrates sind zueinander »inkommensurabel«, die Maßzahl der Diagonale muß, wenn man die Seite $= 1$ nimmt, eine Irrationalzahl sein. Man erhält sie durch das angegebene Verfahren, da der erste Quotient 1 ist, alle übrigen aber 2 sind, in der Form eines unendlichen Kettenbruches, der die Periode [2] hat:

$$1 + \cfrac{1}{2 + \cfrac{1}{2 + \cfrac{1}{2 + \cdots}}}$$

Daß die Maßzahl der Diagonale irrational ist, hat der kundige Leser natürlich längst gewußt; denn nach dem pythagoreischen Lehrsatz ist in dem Dreieck ABC

$$\overline{BC}^2 = \overline{AB}^2 + \overline{AC}^2 = 2, \qquad BC = \sqrt{2}.$$

Der angegebene Kettenbruch ist also eine Darstellung von $\sqrt{2}$, aus der man, indem man immer mehr Glieder nimmt, $\sqrt{2}$ ebenfalls mit beliebiger Annäherung berechnen kann. Die ersten Annäherungen sind:

$$1 + \frac{1}{2} = \frac{3}{2}, \qquad 1 + \cfrac{1}{2 + \cfrac{1}{2}} = \frac{7}{5}, \qquad 1 + \cfrac{1}{2 + \cfrac{1}{2 + \cfrac{1}{2}}} = \frac{17}{12}.$$

Es war uns von großem Werte, auch durch das eigentliche Messungsverfahren, das Euklid im X. Buch seiner *Elemente* ausführlich beschreibt, unmittelbar zu der Existenz von inkommensurabeln Strecken und damit zum Begriff des

§ 4. Die Irrationalzahlen.

Irrationalen zu kommen. In derselben Weise kann man auch die Inkommensurabilität der Höhe des gleichseitigen Dreiecks mit der Seite dartun. In der Tat ist die Länge dieser Höhe, wenn man die Seite als Einheit nimmt, gleich $\frac{1}{2}\sqrt{3}$.

Wir erinnern ferner an das Verfahren, das zwar nicht von **Euklid**, aber wenig später von **Archimedes** (s. S. 3) ausgebildet wurde, um den Umfang des Kreises mittels des Durchmessers zu messen. Ohne es hier ausführlicher darlegen zu wollen, berichten wir, daß **Archimedes** vom gleichseitigen Sechsecke ausging, durch fortgesetzte Winkelhalbierung die Umfänge der dem Kreise ein- und umgeschriebenen regelmäßigen 12-Ecke, 24-Ecke usw. bis zu den 96-Ecken berechnete, wodurch er mit Sicherheit feststellte, daß für das Verhältnis des Kreisumfangs zum Durchmesser, das wir mit π bezeichnen, ist:
$$3\tfrac{10}{71} < \pi < 3\tfrac{1}{7}.$$

Dieses Verfahren ist unbegrenzt fortsetzbar und lieferte in der Tat **Ludolph van Ceulen** (1540—1610), der vom regulären 15-Eck ausgehend durch Halbierung bis zum $5 \cdot 2^{31}$-Eck vordrang, die ersten 20 Dezimalstellen von π. Er veröffentlichte sie 1596 in dem Werke *Van den Circkel* und ergänzte sie später auf 35.

Wir machen aber ausdrücklich darauf aufmerksam, daß dieses Archimedische Verfahren zwar den Wert

$$\pi = 3{,}141592\,653589\,793238\,462\cdots$$

so genau liefert als man will, aber für die Irrationalität nichts beweist. Ein strenger Beweis, daß auch π eine Irrationalzahl ist, wurde erst von **Joh. Heinr. Lambert** i. J. 1768 veröffentlicht.

Leider wissen wir gar nicht, wie **Archimedes** die auftretenden Quadratwurzeln berechnete. Er gibt ihre Näherungswerte als gemeine Brüche an, z. B.

$$\sqrt{3} \approx \frac{265}{153},$$

wo das Zeichen $\approx$ als »ungefähr gleich« gelesen werden soll. Der Wert ist schon recht genau, denn man hat

$$\frac{265}{153} = 1{,}732026\cdots;\quad \sqrt{3} = 1{,}73205\cdots.$$

Wenn Archimedes auch die eigentliche Kettenbruchentwicklung nicht benutzte, so muß er doch ein wahrscheinlich auf geometrischer Grundlage beruhendes, unendlich fortsetzbares Verfahren besessen haben. Der Wert $\frac{265}{153}$ gehört nämlich wirklich zu den Näherungswerten des Kettenbruches, den man aus dem gleichseitigen Dreieck für $\sqrt{3}$ ableiten kann. Dieser hat die Periode [1, 2] und lautet:

$$\sqrt{3} = 1 + \cfrac{1}{1 + \cfrac{1}{2 + \cfrac{1}{1 + \cfrac{1}{2 + \cdots}}}}$$

Bricht man ihn nach dem achten Nenner ab, so ergibt sich $\frac{265}{153}$.

Für Euklid sind die irrationalen Verhältnisse keine Zahlen. Er entwickelt im V. Buch der *Elemente* eine Lehre von den Verhältnissen, die von der Unterscheidung kommensurabler und inkommensurabler Strecken unabhängig ist, und behandelt das Inkommensurable für sich in dem umfangreichen X. Buch, dessen Lektüre mangels jeder Symbolik große Schwierigkeiten bereitet. Dort sagt er ausdrücklich: „Inkommensurable Größen verhalten sich nicht wie Zahlen zueinander." Jede Annäherung ist in Euklids *Elementen* verpönt, und so erfahren wir aus ihnen nichts über Methoden zum Wurzelziehen, wiewohl die *Elemente* alles dazu Nötige, wenn auch in geometrischer Form enthalten.

Die Theorie des Irrationalen hatte aber zu Euklids Zeit, wie das X. Buch ausweist, schon eine hohe Stufe der Vollendung erreicht. Trotzdem dürfte die Entdeckung des Irrationalen und zwar zunächst des Sonderfalles der Inkommensurabilität von Quadratseite und -diagonale nicht Pythagoras selbst oder seinen nächsten Schülern zuzuschreiben sein. Man kann mit ziemlicher Sicherheit annehmen, daß diese Entdeckung erst von den jüngeren Pythagoreern gegen das Ende des 5. Jahrh. v. Chr. gemacht wurde. Auch stellten diese schon Näherungswerte für $\sqrt{2}$ auf, aber wohl nur $\frac{3}{2}$ und $\frac{7}{5}$. Theodor von Kyrene bemerkte dann, um die Wende des 5. Jahrh., daß auch die Seitenlängen der Quadrate von 3, 5 usw. Quadrateinheiten mit der Einheitsstrecke inkommensurabel seien, und gelangte wohl zur Erkenntnis, daß dies

§ 4. Die Irrationalzahlen.

im allgemeinen der Fall sei, worauf sein Schüler **Theaetet**, der Freund **Platons**, etwa zwischen 390 und 370 v. Chr. eine allgemeine Theorie und Einteilung wenigstens der quadratischen Irrationalitäten gab. Auf ihm fußt **Euklid**.

Daß die Babylonier schon im 3. Jahrtausend v. Chr. den Quadrat- und Kubikzahlen besondere Aufmerksamkeit schenkten, ist erwiesen. Enthalten ja gerade die beiden berühmten, 1854 bei Senkereh gefundenen Täfelchen, durch die erst das Vorhandensein eines Sexagesimalsystems augenfällig wurde, Tabellen der Quadratzahlen bis zu 60^2 und, soweit man nach dem Bruchstück schließen kann, auch der Kubikzahlen bis zu 60^3. Ganz neuerdings wurden Täfelchen aus dem 2. Jahrtausend v. Chr. entziffert, auf denen für die Diagonale eines Rechtecks mit den Seiten 10 und 40 ein sehr guter Näherungswert berechnet ist.

Von den Ägyptern weiß man aus mehreren erst von 1897 an herausgegebenen Papyri, daß sie öfters Gleichungssysteme aufstellten und lösten von der Art

$$x^2 + y^2 = 100;\ y = \frac{3}{4}x,$$

wo aber, wie in dem angegebenen, die vorkommende Quadratwurzel, hier $\sqrt{\frac{25}{16}}$, aufgeht. Auch konnte man auf einem der erhaltenen Bruchstücke mit Sicherheit die Gleichung

$$\sqrt{6\frac{1}{4}} = 2\frac{1}{2}$$

erkennen. Die Veröffentlichung der ganzen Schenkungsurkunde des Tempels zu Edfu hat zwar gezeigt, daß die auf S. 6 angegebene Formel nicht überall paßt; die Meinung aber, daß die angegebenen Werte durch ein roh angenähertes, immer zu große Werte ergebendes Wurzelziehen erhalten wurden, erscheint doch noch zu wenig gesichert.

Auch die Inder gebrauchten in gewissen Fällen Quadratwurzeln. Eine sonderbare Theorie des Opferkultes zwang sie, Altäre nach bestimmten geometrischen Vorschriften zu bauen. Diese Vorschriften sind uns in den *Śulvasūtras* (Schnurmeßregeln) erhalten, deren Alter noch recht unsicher ist (sicher im 1. Jahrtausend v. Chr.). Auch sie enthalten den pythagoreischen Lehrsatz. In einer Fassung der *Śulvasūtras* kommt dabei der Wert vor:

$$\sqrt{2} \approx 1 + \tfrac{1}{3} + \tfrac{1}{3\cdot 4} \left(= \tfrac{17}{12} = 1{,}4166\cdots\right),$$

während eine andere Fassung den wesentlich besseren benutzt:
$$\sqrt{2} \approx 1 + \tfrac{1}{3} + \tfrac{1}{3\cdot 4} - \tfrac{1}{3\cdot 4\cdot 34} \left(= \tfrac{577}{408} = 1{,}41421\!\cdot\!56\cdots\right),$$

der gegenüber dem wirklichen Werte
$$\sqrt{2} = 1{,}41421\!\cdot\!36\cdots$$
erst in der 6. Dezimalstelle abweicht. Es ist auffallend, daß auch $\tfrac{577}{408}$ ein Näherungswert des Kettenbruches für $\sqrt{2}$ (s. S. 37) ist, den man erhält, wenn man 7 Nenner benutzt. Wie die Inder zu diesen Werten kamen, ist bis jetzt unsicher, aber daß sie aus fremder Quelle stammen, wahrscheinlich.

Wir wollen nicht näher auf die Entwicklung der Wurzelberechnung eingehen. Bis Klaudius Ptolemäus zurück, der als Astronom zwischen 125 und 151 n. Chr. in Alexandria wirkte, läßt sich die Benutzung von Sexagesimalbrüchen dabei nachweisen. Daß die Inder schon vom 5. Jahrh. n. Chr. an Wurzeln in moderner Weise berechnet hätten, ist falsch. Auch das auf S. 12 angedeutete Verfahren ist wohl eine Einschiebung des Bearbeiters und geht nicht auf Alchwārasmī selbst zurück. Im 12. Jahrh. aber berechneten die Araber auch schon höhere Wurzeln. Doch kam man bis ins 16. Jahrh. hinein nicht von der Euklidischen Auffassung ab. Diophant (s. S. 6) vermeidet die irrationalen Lösungen wie die negativen. Erst Michael Stifel gebrauchte 1544 (s. S. 9) den Ausdruck »irrationale Zahlen«, und wenn er auch wie Euklid sagt, diese wären keine »Zahlen«, so meint er damit, wie er gleich darauf weiter ausführt, daß sie keine Zahlen in dem bis dahin betrachteten Sinne seien, und erklärt, daß jede Irrationalzahl zwischen zwei ganze Zahlen falle.

Die Notwendigkeit dieser erweiterten Auffassung des Zahlbegriffes konnte sich aber erst völlig herausstellen, als man, ganz entgegen der griechischen Auffassung, das Zahlenreich auf die gerade Linie übertrug. Wir wissen schon, welch wesentlicher Anteil an der Einbürgerung dieser neuen Idee Descartes' *Géométrie* (1637) zufällt (vgl. S. 10). In der analytischen Geometrie muß eine Größe x alle Werte, zwischen $-\infty$ und $+\infty$, annehmen. Darunter befinden sich

§ 4. Die Irrationalzahlen.

aber unzählig viele Werte von der Form $\sqrt{2}$, $\sqrt{2{,}1}$, ... $\sqrt[3]{2}$, $\sqrt[5]{3}$, ... log 2, ... sin 1°, ..., die alle nicht rationalen Brüchen entsprechen. Man muß sich daher die Zahlengerade, die durch die gemeinen Brüche schon überall dicht bedeckt wurde (vgl. S. 24 f.), doch noch als mit ungeheuer vielen Lücken versehen denken, die dann eben durch die Irrationalzahlen ausgefüllt werden. Denn wenn wir uns etwa den Wert $\sqrt{2}$, also die Diagonale des Quadrats mit der Seite 1, auf der Zahlengeraden vom Nullpunkt aus aufgetragen denken, so bekommen wir einen geometrisch bestimmten Punkt, der aber, wie wir nachgewiesen haben, mit keinem der den rationalen Zahlen entsprechenden Punkte übereinstimmt. Wohl aber können wir ihm mit Hilfe solcher Zahlen beliebig nahe kommen. Denn nach dem S. 31 gegebenen Schema liegt der Punkt $\sqrt{2}$ zwischen den Punkten 1,4 und 1,5, genauer zwischen 1,41 und 1,42, noch genauer zwischen 1,414 und 1,415 usf. bis ins Unendliche.

Der Begriff der lückenlosen oder, wie man sagt, »stetigen« Geraden, fordert sonach unabweisbar den Begriff der Irrationalzahl. Und erst Descartes war es in der Tat, der als »Zahl« alles ansah, „was sich zur Einheit verhält, wie eine Strecke zu einer anderen". Diese Definition, die alle positiven oder negativen ganzen, gebrochenen und irrationalen Zahlen, oder wie wir sagen, alle »reellen« Zahlen, umfaßt, findet sich zwar nicht wörtlich, aber doch dem Sinne nach in Descartes' *Géométrie*, wörtlich bereits in Newtons Vorlesungen an der Universität Cambridge (1673—83), die 1707 herauskamen, und wurde in der angeführten Form durch Chr. von Wolffs *Elementa Matheseos universae*, die in Deutschland die erste Hälfte des 18. Jahrh. beherrschten, verbreitet. In Frankreich übte in der zweiten Hälfte des 18. Jahrh. d'Alembert einen ähnlichen Einfluß aus. Trotzdem erlangte der Begriff der allgemeinen Irrationalzahl, wie wir ihn darzustellen versuchten, kaum vor dem 19. Jahrh. einige Popularität unter den Mathematikern. Eine ganz einwandfreie, mathematisch strenge Begründung erfuhr die Lehre vom Irrationalen erst in den 70er Jahren durch Weierstraß, G. Cantor und Dedekind.

§ 5. DIE IMAGINÄREN ZAHLEN.

Mit dem vorigen Paragraphen wurde das Gebiet der reellen Zahlen abgeschlossen. Wo sollen nun noch außerdem Zahlen gesucht werden, wenn nicht auf der Zahlengeraden? Die Antwort auf diese Frage wurde freilich erst spät gegeben, als die Zahlen, von denen wir nun noch zum Schlusse zu sprechen haben, längst im Gebrauch waren. Aber wenn man die Frage, wie wir es taten, überhaupt stellt, so kann die Antwort schwerlich anders lauten als: zunächst in der Ebene. Welcher Grund sollte denn auch, von einem allgemeinen Gesichtspunkte aus, der die Zahlen nicht mehr mit dem gewöhnlichen Leben verknüpft, bestehen, daß wir nur den Punkten einer einzigen Geraden der Ebene, auf der wir schreiben oder zeichnen, Zahlen zuweisen? Sollte es nicht möglich sein, alle Punkte der Ebene mit Zahlen zu bezeichnen und sie dadurch voneinander zu unterscheiden? Keinem Leser ist in der Tat ein solches Verfahren fremd. Wenn er die analytische Geometrie auch noch gar nicht anders als durch die Hinweisungen in unserem Büchlein kennen gelernt hätte, so weiß er jedenfalls, wie man einen Ort der Erde der geographischen Lage nach bestimmt. Man hat den Äquator und die Pole. Durch letztere denkt man die Meridiane gelegt und zieht Parallelkreise zum Äquator. Einen der Meridiane, z. B. den der Greenwicher Sternwarte, nimmt man als Ausgangs- oder 0-Meridian und zählt von ihm aus die geographischen Längen. Man kann die östliche Länge als positiv, die westliche als negativ annehmen. Ähnlich zählt man die geographischen Breiten vom Äquator aus nach Norden positiv, nach Süden negativ. Als Einheit nimmt man gewöhnlich den Grad; das ist aber für das Wesen der Sache gleichgültig. Wüßte man genau die Längen des 0-Meridians und des Äquators, so könnte man Länge und Breite auch im Metermaß, gemessen immer auf dem 0-Meridian und dem Äquator, angeben. Wir erhalten auf alle Fälle ein (bei Gradangabe sexagesimales) Zahlenpaar, das den Ort bestimmt; für Berlin, wenn wir die Länge vorausnehmen ($+13°23'44''$, $+52°30'17''$), für Kapstadt ($+18°28'36''$, $-33°56'3''$) usw.

Nun denken wir uns einmal an den Punkt versetzt, wo der Greenwicher Meridian den Äquator schneidet — er liegt

§ 5. Die imaginären Zahlen.

allerdings auf hoher See — und dort einen großen Bogen Papier ausgebreitet, etwa von 1 qm Fläche, auf dem wir den Äquator und den 0-Meridian, sowie in Abständen von 1 dm die anderen Meridiane und die Parallelkreise einzeichnen. Der Bogen wird uns, da auf der Fläche von 1 qm die Krümmung der Erde noch nicht in Betracht kommt, vollkommen eben erscheinen, die Meridiane werden mit den

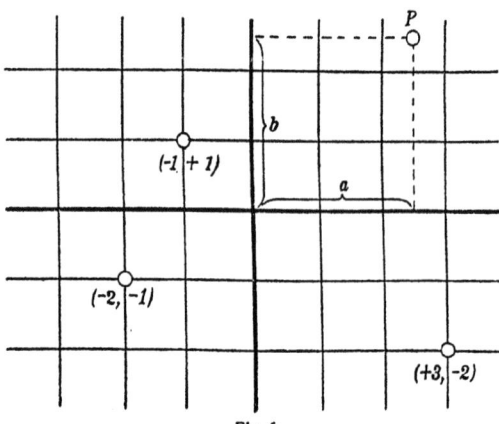

Fig. 6.

Parallelkreisen zwei sich senkrecht durchschneidende Systeme von parallelen Geraden bilden. Wir werden den Punkt P auf unserem Papierbogen bestimmen können, indem wir auf der Äquatorachse seine »Länge« a, auf der Meridianachse seine »Breite« b abmessen, wobei wir nach rechts und oben positiv, nach links und unten negativ zählen. Das Zahlenpaar (a, b) kennzeichnet den Punkt. Wir haben in Fig. 6 noch die Punkte $(-1, +1)$, $(-2, -1)$, $(+3, -2)$ eigens hervorgehoben. Nichts hindert nun, uns die ganze Papierfläche zu einer Ebene erweitert und die Geraden alle beliebig verlängert zu denken. Dann haben wir das »Koordinatensystem«, das im Wesen auf Descartes zurückgeht; man nennt a und b »Koordinaten« des Punktes P, a die »Abszisse«, b die »Ordinate«.

Wo sind aber die neuen Zahlen? Es sind die Zahlenpaare (a, b) selbst, die man »komplexe Zahlen« nennt, da

Kartesische Koordinaten. Zahlenpaare. 45

sie aus einem »Komplex« von zwei Größen bestehen. In der Tat wird ja der Leser ohne weiteres erkennen, daß wir in der zweidimensionalen Ebene auch ein nach zwei ganz unabhängigen Richtungen veränderliches Größensystem einführen müssen, um alle Punkte bezeichnen zu können. Vielleicht weiß der Leser ja auch, daß man, um eines der 64 Felder des Schachbrettes anzugeben, die Streifen von links nach rechts mit $a, b, \ldots, h$ und die Streifen von unten nach oben mit $1, 2, \ldots, 8$ bezeichnet. Das Feld $d3$ ist dann das 4. von links und das 3. von unten.

In einem Zahlenpaar (a, b) können für a und b alle rationalen oder irrationalen Zahlen eingesetzt werden. Jeder wird sich vorstellen können, was für einen Punkt Zahlen wie $(+\frac{1}{2}, +\sqrt{3})$ oder $(-\sqrt{\frac{1}{5}}, +\pi)$ darstellen. Man geht beim letzteren Beispiel um die Strecke $\sqrt{\frac{1}{5}} \approx 0{,}448$ vom Anfangspunkt aus nach links, um die Strecke $\pi \approx 3{,}142$ nach oben. Aber das sind einstweilen merkwürdige Zahlen. Daß man sie nicht in eine Größenbeziehung zu den reellen Zahlen setzen kann, wundert uns ja kaum, da sie eben nicht reell sind und sich über die ganze Ebene verbreiten. Aber wie soll man nur mit solchen Zahlenpaaren rechnen? Nun müssen wir dem Leser gleich sagen, daß man das Rechnen mit Größen, die ganz neu definiert werden, erst selbst festsetzen muß. Diese an sich willkürlichen Festsetzungen dürfen aber nicht unter sich und nicht mit früheren Rechengesetzen in Widerspruch stehen. Z. B. könnte man hier nicht festsetzen, daß man für Zwecke des Rechnens $(a, b) = a + b$ nehmen solle, weil hier in keiner Weise mehr zum Ausdruck käme, daß b in anderer Richtung zu messen ist. Ebensowenig würde $a-b$, $a \cdot b$ oder $a : b$ tauglich sein. Erinnern wir uns, daß man eine ganz neue Einheit einführt, wenn man in der entgegengesetzten Richtung zur ursprünglichen mißt, nämlich -1, und daß man setzen kann:

$$-2 = 2 \cdot (-1), \quad -3 = 3 \cdot (-1) \text{ usw.},$$

so wäre es immerhin denkbar, daß eine solch neue Einheit — wir wollen sie i nennen — auch die Messung in der zur ursprünglichen senkrechten Richtung anzeigte. Um dies dem Verständnis etwas näher zu bringen, denken wir uns die Punkte $+1$, i und -1 durch Drehung auf dem Kreis mit

§ 5. Die imaginären Zahlen.

dem Radius 1 ineinander übergeführt. Die Drehung um 180° wird dann durch den Faktor (-1) geleistet. Denn es ist $(+1)(-1) = -1$ und weiter $(-1)(-1) = +1$. Die Drehung um 90° denken wir uns durch einen Faktor λ bewerkstelligt. Dann muß sein $(+1) \cdot \lambda = i$ und $i\lambda = -1$. Daher hat man durch Division dieser beiden Gleichungen:

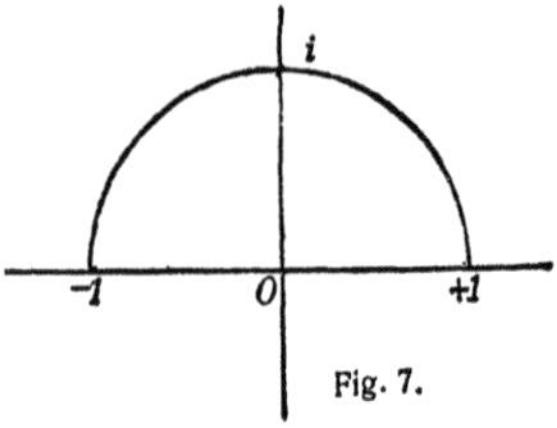

$$i^2 = (+1)(-1) = -1, \quad (1)$$

$$(\lambda =) i = \sqrt{-1}. \quad (2)$$

Fig. 7.

Diese Größe i ist nun tatsächlich etwas ganz Neues, und man nennt Zahlen, in denen $\sqrt{-1}$ vorkommt, seit Descartes (vgl. S. 7) »imaginäre« Zahlen. Unter allen reellen Zahlen gibt es nämlich keine, die im Quadrat etwas Negatives ergäbe. Es ist ja sowohl

$$(+a)^2 = +a^2 \text{ als auch } (-a)^2 = +a^2. \quad (3)$$

Hätten wir links und rechts vom Nullpunkt die Strecken -2 und $+2$ oder gleich allgemein $-r$ und $+r$ genommen, so hätten wir auf der senkrechten Achse erhalten: $\sqrt{-4}$, bzw. $\sqrt{-r^2}$, und wenn wir diese Ausdrücke nach den gewöhnlichen Rechenregeln gleich setzen:

$$\sqrt{4} \cdot \sqrt{-1} \quad \text{und} \quad \sqrt{r^2} \cdot \sqrt{-1} \quad (4)$$

oder also $2i$ und ri, so sehen wir in der Tat, daß wir in der senkrechten Richtung die absolute Maßzahl jeder Strecke für unsere Zwecke mit i multiplizieren müssen. Dann können wir

$$(a, b) = a + bi \quad (5)$$

setzen, ohne auf Schwierigkeiten zu stoßen. Die Form $a \cdot bi$ ist jedenfalls ausgeschlossen, weil im Laufe der Rechnungen nicht mehr unterschieden werden könnte, zu welchem Faktor i gehört; auch $\frac{a}{bi}$ ist unbrauchbar, da der Bruch mit i erweitert werden könnte, wodurch er die Form $-\frac{ai}{b}$ erhielte, so daß auch hier die Zugehörigkeit des Faktors i zweifelhaft wäre. Die Form $a - bi$ ist $a + bi$ gleichwertig und in ihr enthalten. Mit der komplexen Zahl $a + bi$ nun

Die imaginäre Einheit.

kann man rechnen wie mit jeder anderen Summe, wenn man nur immer beachtet, daß $i^2 = -1$ zu setzen ist.

Die Art, wie wir bis hieher die imaginären Zahlen einführten, wird vielleicht nicht alle Leser ganz befriedigt haben. Wollten wir in der Tat von den durchaus sachgemäßen komplexen Zahlen (a, b) zu der imaginären Form $a + bi$ $(i = \sqrt{-1})$ in mathematisch ganz konsequenter Weise kommen, so müßten wir darauf bei einiger Breite der Darstellung fast ein ganzes Bändchen von diesem Umfang verwenden und würden den Leser doch kaum zufriedenstellen, da diese Entwicklungen natürlich sehr abstrakt wären.

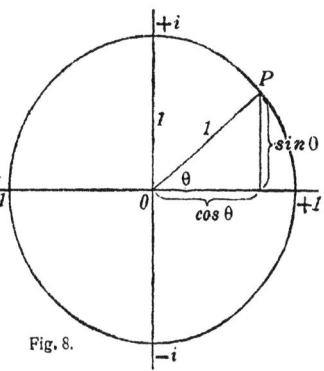

Fig. 8.

Dem Leser wird vor allem der Richtungsfaktor etwas Fremdes sein, und er wird mit Recht fragen, ob auch anderen Richtungen als der senkrechten solche Faktoren zuzuweisen seien. Darauf gibt unsere Darstellung schon die Antwort. Sehen wir nur zu, was für eine Zahl irgendeinem Punkte P des Einheitskreises zugehört. Es möge 0-P mit der Achse der reellen Zahlen den Winkel θ bilden, so sieht man (Fig. 8), daß die Zahl des Punktes P gleich $\cos\theta + i\sin\theta$ ist, denn $1 \cdot \cos\theta$ und $1 \cdot \sin\theta$ sind seine Koordinaten. Diese Zahl $\cos\theta + i\sin\theta$ kann man, wie i für die senkrechte Richtung, tatsächlich als Richtungsfaktor für den Winkel θ, als relative Länge der Strecke 0-P, deren absolute Länge 1 ist, auffassen. Warum? Weil, wenn wir 0-Q in der Richtung θ etwa gleich 2 oder r machen, die Zahl des Punktes Q gleich $2\cos\theta + 2i\sin\theta$ oder $r\cos\theta + ri\sin\theta$ wird, also $2(\cos\theta + i\sin\theta)$ oder $r(\cos\theta + i\sin\theta)$. Die Zahl 2 oder r erscheint demnach mit dem Faktor $\cos\theta + i\sin\theta$ behaftet, der andeutet, daß die absolute Länge 2 oder r in der Richtung θ aufgetragen wurde. Nehmen wir im besonderen wieder θ $= 0^0$, so wird $\cos 0^0 = 1$, $\sin 0^0 = 0$ und aus $r(\cos\theta + i\sin\theta)$ wird einfach r, das sind die reellen Zahlen. Nehmen wir θ $= 90^0$, so ist $\cos 90^0 = 0$, $\sin 90^0 = 1$, aus $r(\cos\theta + i\sin\theta)$

§ 5. Die imaginären Zahlen.

wird ri, das sind die »rein imaginären« Zahlen.[1]) Jeder Richtung θ können wir also einen Faktor cos θ + i sin θ zuordnen. Das gilt für alle Quadranten. Ist etwa 180°>θ>90°, so wird bekanntlich cos θ negativ, sin θ bleibt positiv, der Punkt kommt also in die Gegend der negativen Abszissen und positiven Ordinaten, d. i. in den zweiten Quadranten. Ist die komplexe Zahl in der Form $a + ib$ gegeben, so findet man leicht den zugehörigen Winkel θ und die Länge r. Denn es ist ja aus der geometrischen Darstellung von $a + ib$ sofort zu ersehen, daß

$$r = +\sqrt{a^2 + b^2},\ \operatorname{tg} \theta = \frac{b}{a}. \tag{6}$$

Man nennt r den »absoluten Wert« der Zahl $a + bi$ und bezeichnet ihn auch mit $|a + bi|$ (vgl. S. 12), θ heißt das »Argument«.

Dabei haben wir freilich das „+"-Zeichen, das wir oben zwischen a und bi setzten, angewendet und seine Berechtigung vorausgesetzt. Gerade dieses „+"-Zeichen gestattet eben das Herausstellen des absoluten Faktors r bei jeder komplexen Zahl. Wir können das noch etwas deutlicher machen. Wenn man schon mit den Zahlenpaaren (a, b) rechnen will, so erscheint nichts natürlicher, als die Zahl $(2a, 2b)$, die dem Punkt mit den doppelten Koordinaten zukommt, als das Doppelte der Zahl (a, b) aufzufassen oder allgemeiner
$$n \cdot (a, b) = (na, nb)$$
anzunehmen. Gerade diese Verteilung des n auf die beiden Glieder des Ausdrucks a, b leitet aber auf das „+"-Zeichen hin, denn nur $n(a + b)$ ist gleich $na + nb$, während $n(a \cdot b) = (na) \cdot b = a \cdot (nb)$ und $n(a : b) = (na) : b$ ist. Und irgendein Zeichen müssen wir doch zwischen a und b setzen, wenn wir mit (a, b) nach den gewöhnlichen Regeln rechnen wollen.

Den Richtungsfaktor i haben wir ja soeben nochmals erläutert, aber auch die Anwendung des Höhensatzes auf relative Strecken wird bei kritisch Veranlagten Bedenken erregen können. Wir machen deshalb nochmals darauf auf-

---

[1] Den von Gauß (s. S. 57) eingeführten Ausdruck »komplex« gebraucht man dann, wenn man a und b ausdrücklich von Null verschieden annimmt.

merksam, daß es sich hier überhaupt nicht um ein »Beweisen« handelt. Wir wollen nur durch geeignete Definitionen, und indem wir Sätze, die früher für andere Größen bewiesen wurden, auch auf die neuen anwenden, diese an die alten, längst eingeführten Größen angliedern. Das geschah durch unser Verfahren. Der bloße Richtungsfaktor i wurde zu einer »Zahl«, zu der Zahl, die im Quadrat — 1 ergibt. Das aber ist es gerade, was wir auf unserer Zahlengeraden nie und nimmer hätten finden können. Unsere ganze Darstellung der imaginären Zahlen möchte ja als hübsche, aber zwecklose, Symbolik bezeichnet werden, wenn hier nicht der Anknüpfungspunkt an die reellen Zahlen wäre, wenn die imaginären Zahlen nicht in der komplexen Form $a + bi$ in hundert und aber hundert Problemen der Algebra auftreten würden.

Wir müssen da ein klein bißchen ausholen. Betrachten wir die rationalen Zahlen: positive und negative ganze Zahlen, positive und negative gemeine Brüche. Wendet man auf diese Zahlen die vier Rechnungsarten des Addierens, Subtrahierens, des Multiplizierens und Dividierens an, ganz beliebig, aber nicht unendlich oft, so ist das Resultat wieder eine rationale Zahl, d. h. es kommt immer wieder eine ganze Zahl oder ein Bruch heraus. Die rationale Zahl ist gegenüber diesen vier Rechnungsarten ein abgeschlossener Begriff. Man nennt die Gesamtheit aller rationalen Zahlen einen »Zahlkörper«, den »Körper der rationalen Zahlen«. Anders, wenn man auch nur den Begriff der Quadratwurzel dazunimmt, dem Körper »adjungiert«, wie man sagt. Jetzt erhält man aus allen positiven Rationalzahlen positive und negative (vgl. (3) auf S. 46) quadratische Irrationalitäten; die Quadratwurzeln aus den negativen Zahlen aber sind »unmöglich«. Wir haben aus der Geschichte gelernt, daß wir dieses Wort »unmöglich« besser meiden, wenn wir nicht den Fortschritt hemmen wollen. Wie lange Zeit galten die negativen Zahlen als »unmöglich«! Noch Descartes bezeichnete sie als »falsche« Lösungen einer Gleichung. Aus demselben Grunde nannte Descartes die Größen, in denen die Quadratwurzel aus einer negativen Zahl auftrat, »imaginär«, d. h. »eingebildet«, »nicht wirklich«. Wir wollen aber von unserem heutigen Standpunkt aus betonen, daß

§ 5. Die imaginären Zahlen.

die negativen Größen und ebenso die Irrationalzahlen kaum minder unwirklich sind. Auch einem gemeinen Bruch mit einem 100-stelligen Nenner dürfte doch nur eine sehr beschränkte Wirklichkeit zuzuschreiben sein. Und wenn wir gar Buchstaben statt der Zahlen setzen, ist die »Zahl a« nicht ein bloßes Gedankengebilde?

Führt man nun die Größe $i = \sqrt{-1}$ als neue, imaginäre Einheit ein, so läßt sich jede Quadratwurzel aus einer negativen Zahl durch i in Verbindung mit einer reellen Zahl darstellen. Es ist

$$\sqrt{-A} = \sqrt{A} \cdot \sqrt{-1} = i\sqrt{A}. \tag{7}$$

Wo treten nun aber solche Zahlen auf? Das erste Beispiel dieser Art wurde von Cardano 1545 gestellt und formal richtig aufgelöst, wenn Cardano auch die neuen Größen »wahrhaft sophistisch« nannte. Es sollte die Zahl 40 in zwei Faktoren gespalten werden, deren Summe 10 sein sollte. Sei x der eine Faktor, so ist $10 - x$ der andere, und man hat die quadratische Gleichung für x:

$$x(10 - x) = 40. \tag{8}$$

Hieraus bekommt man nacheinander:

$$x^2 - 10x = -40, \qquad (x-5)^2 = -15,$$

$$\left.\begin{array}{l} x_1 = 5 + \sqrt{-15} \ (= 5 + i\sqrt{15}), \\ x_2 = 5 - \sqrt{-15} \ (= 5 - i\sqrt{15}). \end{array}\right\} \tag{9}$$

Zugleich sind x_1 und x_2 die beiden gesuchten Zahlen, denn $10 - x_1 = x_2$ und $10 - x_2 = x_1$. Die Summe $x_1 + x_2$ ist also gewiß 10. Cardano machte auch die Probe für das Produkt. Man erhält:

$$\left.\begin{array}{l} x_1 x_2 = (5 + \sqrt{-15})(5 - \sqrt{-15}) \\ = 5^2 - (\sqrt{-15})^2 = 25 - (-15) \\ = 40. \end{array}\right\} \tag{10}$$

Hier sind junge Leser auf etwas aufmerksam zu machen. $(\sqrt{-15})^2$ ist laut Definition der Quadratwurzel gleich -15. Man darf hier nicht erst innen quadrieren, also $\sqrt{225}$ bilden, sonst ist der ganze Sachverhalt verwischt. $\sqrt{225}$ könnte jetzt $+15$ oder -15 sein (vgl. (3) S. 46), aber nur letzteres ist richtig, da es schon ursprünglich unter der Wurzel stand.

Quadratische Gleichungen.

Man kann die Aufgabe auch geometrisch fassen. Ein Rechteck von dem Umfang 20 soll den Inhalt 40 haben. Die Summe der anstoßenden Seiten ist dann 10. Es ist aber klar, daß man mit einem solchen Umfang höchstens ein Rechteck (Quadrat) vom Inhalt 25 herstellen kann. Denn wenn man 10 in zwei Summanden zerlegt, so bekommt man die Reihe der Produkte $1 \cdot 9, 2 \cdot 8, 3 \cdot 7, 4 \cdot 6, 5 \cdot 5$, zwischen denen natürlich die Bruchzerlegungen liegen. Die Forderung war also unmöglich zu erfüllen. Wir sehen aber gleich, daß das nämliche bei jedem Problem eintreten kann, das auf eine quadratische Gleichung

$$x^2 + ax + b = 0 \tag{11}$$

führt. Denn die Lösung dieser Gleichung ergibt sich, wenn wir etwas abkürzen, wie folgt:

$$x^2 + ax + \left(\frac{a}{2}\right)^2 = \left(\frac{a}{2}\right)^2 - b,$$

$$x + \frac{a}{2} = \pm \sqrt{\left(\frac{a}{2}\right)^2 - b},$$

$$\left. \begin{array}{l} x_1 = -\dfrac{a}{2} + \sqrt{\left(\dfrac{a}{2}\right)^2 - b}, \\ x_2 = -\dfrac{a}{2} - \sqrt{\left(\dfrac{a}{2}\right)^2 - b}. \end{array} \right\} \tag{12}$$

Ist $b > \left(\frac{a}{2}\right)^2$, so wird der Ausdruck unter der Wurzel negativ, die Wurzel imaginär; man kann die zwei Lösungen dann in der komplexen Form schreiben:

$$\left. \begin{array}{l} x_1 = -\dfrac{a}{2} + i\sqrt{b - \left(\dfrac{a}{2}\right)^2}, \\ x_2 = -\dfrac{a}{2} - i\sqrt{b - \left(\dfrac{a}{2}\right)^2}. \end{array} \right\} \tag{12*}$$

Denn jetzt steht unter der Wurzel das Negative dessen, was ursprünglich darunter stand.

Zur geometrischen Darstellung der rein imaginären Zahlen geben wir noch ein Beispiel, das von dem österreichischen Mathematiker Petzval (1807—91) stammt. Dieser pflegte seinen Schülern folgende Anekdote zu erzählen: „Ich traf meinen Freund häufig in der Nähe des Bahnhofes B und fragte ihn, ob er da wohne. Er antwortete: Gehe ich von meinem Haus H aus 1 km in der Richtung der Bahn vor-

§ 5. Die imaginären Zahlen.

wärts, so komme ich zu einem Wirtshaus W_1 mit kühlen Bieren; gehe ich von meinem Haus 1 km entgegengesetzt, so komme ich zum Wirtshaus W_2. Das doppelte Quadrat des Abstandes meines Hauses vom Bahnhof ist gleich dem Rechteck aus den Abständen der beiden Wirtshäuser von B." Nun machte er den Ansatz folgendermaßen nach Fig. 9.: Es sei $HW_1 = +1$, $HW_2 = -1$, $HB = x$, dann ist die Gleichung
$$2x^2 = BW_2 \cdot BW_1$$
oder, wenn man die Strecken mit Vorzeichen nimmt:
$$2x^2 = (x-1)(x+1), \qquad (13)$$
$$2x^2 = x^2 - 1,$$
$$x^2 = -1, \quad x = \sqrt{-1}.$$

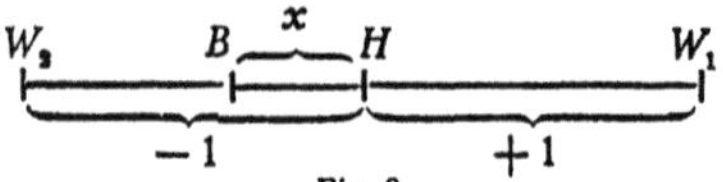

```
W₂        B   x   H             W₁
├─────────┼───┼───┼──────────────┤
          └───┬───┘
            -1     +1
```
Fig. 9.

„Ja, rief ich aus", fuhr Petzval dann weiter, „Du wohnst ja gar nirgends, dein Abstand vom Bahnhof ist ja imaginär!" „O nein", sprach jener, „ich wohne nur nicht an der Bahnlinie, sondern 1 km seitwärts von ihr." Und er zeichnete die Figur 10. Wenn man jetzt den Punkten W_1 bzw. W_2

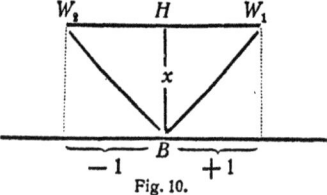
Fig. 10.

die Zahlen $+1+x$ und $-1+x$ zuordnet, so ergibt sich in der Tat, indem man die Fläche des $\triangle BW_1W_2$ zweimal ausdrückt, die Gleichung (13), und es ist $x = i$ nach unserer Darstellung. Der Witz liegt eben auch hier in der Benutzung relativer Abstände, schon bei Figur 9 und noch mehr bei Figur 10, wo die Abstände BW_1 und BW_2 gleich $x+1$ und $x-1$ genommen wurden, statt $\sqrt{2}$, was ihre absolute Länge wäre.

Wenn aber die imaginären Größen nichts anderes leisteten, als solche Scherze zu liefern und die Unmöglichkeit von gestellten Aufgaben anzuzeigen, dann wäre ihr Wert immer noch gering. Wir erhielten die imaginären Zahlen, indem wir dem Körper der rationalen Zahlen die Quadratwurzel adjungierten. Es ist nun die Frage, ob die Adjunktion von anderen geraden Wurzeln wieder neuartige Größen erfordern würde. Was hätte z. B. die Adjunktion der vierten Wurzel ergeben? Es ist

$$\sqrt[4]{-1} = \sqrt{\sqrt{-1}} = \sqrt{\pm i}. \tag{14}$$

Wollen wir $\sqrt{+i}$ betrachten! Ist das wieder eine neue Größenart oder läßt sie sich in die komplexe Form $a + ib$ bringen? Setzen wir probeweise

$$\sqrt{i} = x + iy. \tag{15}$$

Um x und y allenfalls zu bestimmen, quadrieren wir auf beiden Seiten. Es kommt

$$i = x^2 - y^2 + 2ixy. \tag{16}$$

Da x und y als reell vorausgesetzt werden müssen, können nur die reellen und die imaginären Bestandteile dieser Gleichung einzeln links und rechts gleich sein. Das gibt die zwei Gleichungen:

$$x^2 - y^2 = 0, \qquad 2xy = 1. \tag{17}$$

Die erste Gleichung kann man in zwei zerlegen:

$$(x + y)(x - y) = 0, \tag{17_1}$$

d. h. es ist entweder

$$y = -x \text{ oder } y = x. \tag{17_1^*}$$

Setzt man dies in die zweite Gleichung ein, so ergibt sich das eine Mal $-2x^2 = 1$; das würde aber ein imaginäres x ergeben. Das andere Mal erhält man $2x^2 = 1$, also:

$$\left.\begin{array}{ll} x_1 = \dfrac{1}{\sqrt{2}}, & x_2 = -\dfrac{1}{\sqrt{2}}, \\[4pt] y_1 = \dfrac{1}{\sqrt{2}}, & y_2 = -\dfrac{1}{\sqrt{2}}. \end{array}\right\} \tag{18}$$

Es wird also
$$\sqrt{i} = \pm \dfrac{1+i}{\sqrt{2}}. \tag{19}$$

Ebenso würde man finden:

$$\sqrt{-i} = i\sqrt{i} = \pm \dfrac{1-i}{\sqrt{2}}. \tag{20}$$

$\sqrt[4]{-1}$ ist also selbst wieder eine komplexe Zahl. Denn der

§ 5. Die imaginären Zahlen.

Ausdruck $\frac{1 \pm i}{\sqrt{2}}$ hat die Form $a + ib$, mit $a = \frac{1}{\sqrt{2}}$ und $b = \pm \frac{1}{\sqrt{2}}$. Für höhere gerade Wurzeln aus negativen Zahlen gilt dasselbe. Ungerade Wurzeln kommen nicht in Betracht, da aus ihnen das Minuszeichen heraustritt.

Was ist nun aber das Ergebnis, wenn man die komplexen Zahlen den vier bürgerlichen Rechnungsarten unterwirft? Führt nicht am Ende das zu neuen Größen? Nehmen wir die Addition. Es seien $a + ib$ und $a' + ib'$ zwei beliebige komplexe Zahlen. Dann ist

$$(a + ib) + (a' + ib') = (a + a') + i(b + b'), \qquad (21)$$

d. i. wieder eine komplexe Zahl. Für die Subtraktion gilt offenbar dasselbe. Wir multiplizieren zwei komplexe Zahlen:

$$(a + ib)(a' + ib') = aa' + i(a'b + ab') + i^2 bb' \qquad (22)$$
$$= (aa' - bb') + i(a'b + ab'),$$

wieder eine komplexe Zahl. Für die Potenzierung gilt das nämliche, da diese nur in einer fortgesetzten Multiplikation besteht. Der Quotient

$$\frac{a + ib}{a' + ib'} \qquad (23)$$

kann folgendermaßen behandelt werden: Man schafft das i aus dem Nenner fort, indem man Zähler und Nenner mit $a' - ib'$ multipliziert. Das ergibt:

$$\frac{a + ib}{a' + ib'} = \frac{(aa' + bb') + i(a'b - ab')}{a'^2 + b'^2}, \qquad (24)$$

denn $(a' + ib')(a' - ib') = a'^2 - i^2 b'^2 = a'^2 + b'^2$. (24*)
Der Ausdruck auf der rechten Seite von (24) ist aber wieder eine komplexe Zahl. Es würde sich jetzt um das Radizieren handeln. Nun haben wir gerade gezeigt, daß $\sqrt{i}$ eine komplexe Zahl ist. Genau so kann man es für $\sqrt{a + ib}$ beweisen. Wir wollen dazu den Leser aneifern, es aber hier nicht ausführen, da der Satz auch für höhere Wurzeln gilt, der Beweis aber doch nicht durchweg auf die nämliche Weise geleistet werden kann. Daß auch die Logarithmen komplexer Zahlen wieder auf komplexe Zahlen führen, können wir hier nicht beweisen. Aber das ist nicht alles; auch die trigonometrischen Funktionen komplexer Zahlen sind selbst komplex, und die Potenzierung mit komplexem Exponenten führt wie-

der auf komplexe Zahlen. Das bewiesen d'Alembert und Euler (s. S. 57) um die Mitte des 18. Jahrhunderts. Somit bilden die komplexen Zahlen den Schlußstein im arithmetischen Gebäude. Man kommt nicht über sie hinaus, wenn man die gewöhnlichen Rechenregeln auf sie in beliebiger Weise anwendet. Das ist ihre hohe Bedeutung.

Trotzdem hat sich der menschliche Geist bei diesen Zahlen nicht beruhigt. Auch der Leser hat vielleicht schon daran gedacht, daß es ebenso unkonsequent sei, bei den Zahlen der Ebene stehen zu bleiben, wie wir es als Mangel hinstellten, sich auf die Zahlen der Geraden zu beschränken. Dies ist richtig, aber doch nicht ganz analog. Denn mit den Zahlen der Geraden allein, den reellen Zahlen, kann man nicht einmal jede quadratische Gleichung auflösen, während, wie wir eben zum Teil bewiesen, zum Teil berichteten, die gewöhnlichen Rechenoperationen über die komplexen Zahlen nicht hinausführen. Es ist aber gewiß berechtigt, auch den Punkten des Raumes Zahlen zuzuweisen, Zahlentripel
$$(a, b, c) = a + bi + cj;$$
aber die Definitionen, die hier nötig sind, um ein Rechnen mit solchen Zahlen überhaupt zu ermöglichen, stoßen auf große Unbequemlichkeiten. Besser zu handhaben sind gewisse Zahlenquadrupel
$$(a, b, c, d) = a + bi + cj + dk,$$
die man »Quaternionen« nennt. Aber auch bei den Quaternionen, die 1843 von Hamilton eingeführt wurden, gilt z. B. schon der Satz nicht mehr, daß die zwei Faktoren eines Produkts vertauschbar sind. Sie scheiden also aus der gewöhnlichen Arithmetik aus.

Wir wollen nun noch einen raschen Blick auf die historische Entwicklung der Lehre vom Imaginären werfen. Ob die Griechen an Quadratwurzeln aus negativen Zahlen überhaupt dachten, ist ungewiß. Irrationale Gleichungslösungen wurden von dem Praktiker Heron öfters benutzt, von dem Theoretiker Diophant meist abgelehnt. Das deutliche Bewußtsein der »Unmöglichkeit« einer Quadratwurzel aus einer negativen Zahl spricht zuerst der Inder Bhāskara aus; aber schon bei dem Araber Alchwārasmī (S. 21) findet sich die Bedingung $\left(\frac{a}{2}\right)^2 - b > 0$ für die quadratische Glei-

§ 5. Die imaginären Zahlen.

chung (11). Nach Cardano (S. 50) war Bombelli der erste, der in seiner *Algebra* von 1572 Rechnungsregeln auf komplexe Größen folgerichtig und geschickt anwendete. Ja er gab sogar schon ein Beispiel für den besonderen Fall der Gleichung dritten Grades, wo diese 3 reelle Lösungen hat, die aber in der sogenannten cardanischen Formel in imaginärer Form erscheinen, indem er eine dieser Lösungen durch Wurzelziehen in reelle Form brachte. Dieser merkwürdige Fall zwang die Mathematiker, sich immer wieder mit solchen imaginären Ausdrücken zu beschäftigen.

In der weiteren Entwicklung spielte der Satz, daß jede Gleichung n^{ten} Grades n Lösungen hat, eine gewisse Rolle. Wir sagten schon S. 9, daß Girard diesen Satz 1629 ausgesprochen habe. Er mußte aber dazu auch alle negativen und imaginären Wurzeln mitzählen. Die Frage nach den Lösungen einer Gleichung ist gleichbedeutend mit der Frage nach der Anzahl der linearen Faktoren eines Ausdruckes vom n^{ten} Grade. Der Leser, dem diese Wahrheit nicht geläufig ist, sehe einmal Gleichung (11) an, deren Lösungen x_1, x_2 sind. Man kann dort ohne weiteres

$$\left. \begin{array}{l} x^2 + ax + b = (x - x_1)(x - x_2) \\ = \left(x + \dfrac{a}{2} - \sqrt{\left(\dfrac{a}{2}\right)^2 - b}\right)\left(x + \dfrac{a}{2} + \sqrt{\left(\dfrac{a}{2}\right)^2 - b}\right) \end{array} \right\} (25)$$

setzen, wovon man sich durch Ausmultiplizieren überzeugt. Diese Tatsache, auf die wir uns nicht näher einlassen können, geht übrigens aus der S. 51 gegebenen Ableitung der Lösung unmittelbar hervor. Die Zerlegung

$$x^2 - a^2 = (x + a)(x - a) \qquad (25^*)$$

ist nur ein besonderer Fall davon. Die imaginären Größen gestatten nun aber (vgl. 24*) auch die Zerlegung

$$x^2 + a^2 = (x + ai)(x - ai). \qquad (26)$$

Dem großen Leibniz (1646—1716) gelang dann 1702 auch die Zerlegung von $x^4 + a^4$. Setzen wir

$$\left. \begin{array}{l} x^4 + a^4 = x^4 - (-a^4) \\ = (x^2 + a^2 i)(x^2 - a^2 i), \end{array} \right\} (27)$$

so erhalten wir durch nochmalige Anwendung desselben Verfahrens das Leibnizsche Resultat:

$$x^4 + a^4 = (x + ai\sqrt{i})(x - ai\sqrt{i})(x + a\sqrt{i})(x - a\sqrt{i}), \quad (28)$$

was wir freilich heute mittels der Formeln (19) und (20) in eine von den Wurzeln aus i befreite Form bringen würden. Diese wird besonders einfach, wenn man $a = \sqrt{2}$ setzt, also $x^4 + 4$ zerlegt. Wir geben das Resultat dem Leser an, damit er es sich selbst ableite:
$$x^4 + 4 = (x + 1 - i)(x - 1 + i)(x + 1 + i)(x - 1 - i). \quad (29)$$
Gleichwohl hatten diese imaginären Zahlen, deren Nutzen immer mehr hervortrat, sogar für die größten Geister, wie Leibniz, etwas Unbegreifliches, ja Mystisches.[1]) Leibniz sprach von ihnen als einer „eleganten und wunderbaren Zuflucht des göttlichen Geistes, amphibienähnlichen Größen zwischen dem Seienden und nicht Seienden". Das hinderte nicht, daß man die für unmöglich gehaltenen Größen in allen Rechnungen, wo sie vorkamen, wie wirkliche behandelte. Die Scheu verminderte sich im 18. Jahrh. immer mehr, und das Interesse für sie belebte sich, besonders durch die wunderbaren Beziehungen, die Joh. Bernoulli (1667 bis 1748), Cotes (1682—1716) und de Moivre (1667—1754), sowie Euler (1707—83) durch Vermittelung von i in der höheren Analysis in der ersten Hälfte des 18. Jahrh. aufstellten, die aber leider außerhalb des Rahmens unseres Büchleins liegen.
Doch hingen alle diese schönen Dinge mehr oder weniger in der Luft, solange nicht durch die geometrische Darstellung, die (nach unbeachtet gebliebenen, richtigen Ansätzen von Wallis, 1685) schon Wessel 1797, Argand 1806 fand, die aber erst von 1831 an durch Gauß (1777—1855) sich einbürgerte, die Zuordnung der imaginären Größen zu wirklichen Dingen, zu den Punkten der Ebene, und die Möglichkeit einer geometrischen Darstellung des Rechnens mit ihnen festgestellt war, bevor nicht Hamilton (1837) das Rechnen mit Zahlenpaaren systematisch begründet hatte. Auch die Idee der Erweiterung des Zahlbegriffes, die wir in dem ganzen Büchlein in den Vordergrund stellten, tritt geklärt erst im 19. Jahrhundert auf. Sie würde zur formallogisch korrekten Einführung der imaginären Größen völlig genügt haben. Aber erst Martin

---

[1]) Vgl. hierüber einen Aufsatz von G. Loria (Scientia 21, 1917, S. 101—121).

§ 5. Die imaginären Zahlen.

Ohm sagt 1828 im ersten Bande seines seinerzeit weit verbreiteten *Versuchs eines vollständig konsequenten Systems der Mathematik,* man müsse, wie die negativen Zahlen, so auch das Symbol $\sqrt{-1}$ als »neues Ding« den reellen Zahlen hinzufügen. Der Grundsatz, daß neu eingeführte Zahlen durchweg den früher aufgestellten Rechengesetzen genügen müssen (vgl. S. 45) wurde in bestimmter und allgemeiner Weise i. J. 1867 von H. Hankel ausgesprochen.

Welch große Rolle die imaginären Zahlen im 19. Jahrh. gespielt haben, können wir hier auch nicht annähernd klar machen. Wir konnten auch mit keinem Worte auf die merkwürdige Hilfe, die durch sie der analytischen Geometrie und der theoretischen Physik zuteil wurde, hinweisen. Vielleicht hat aber unsere Darstellung doch ausgereicht, dem Leser den Ausspruch Whewells, des großen Geschichtschreibers der induktiven Naturwissenschaften, verständlich zu machen, nach welchem „das Wesen der Triumphe der Wissenschaft und ihres Fortschritts darin besteht, daß wir veranlaßt werden, Ansichten, die unsere Vorfahren für unbegreiflich hielten und unfähig waren zu begreifen, für evident und für notwendig zu halten."

WEITERFÜHRENDE LITERATUR.

Zum weiteren theoretischen Studium empfehlen wir das für Studierende und Lehrer bestimmte Buch:
C. Färber, *Arithmetik,* Leipzig, B. G. Teubner, 1911.

Eine sehr gute historische Darstellung haben wir in
J. Tropfke, *Geschichte der Elementar-Mathematik,* 2. Aufl., 7 Bde., Berlin 1921/24, (Bd. I—III).

Für die in der neuesten Zeit bezüglich der Geschichte der indischen Mathematik gemachten Fortschritte vergleiche man
G. R. Kaye, *Indian Mathematics,* Calcutta & Simla, Thacker, Spink & Co., 1915, wo auch die Literatur angegeben ist.

Für die neueren historischen Ergebnisse überhaupt ist auf die 14 Bände (1900—1914) der 3. Folge der Zeitschrift „Bibliotheca mathematica" (Leipzig, B. G. Teubner, Herausgeber G. Eneström †) zu verweisen. Seitdem findet man Referate über die wichtigsten historischen Arbeiten in den „Mitteilungen zur Geschichte der Medizin und der Naturwissenschaften".

NAMEN-INDEX.

Abel 32
Ahmes 19
Alchwārasmī 21, 22, 41, 55
Alnasawī 22
Archimedes 2, 38, 39
Argand 45, 57
Aristoteles 1, 4

Bernoulli, Joh. 57
Bhāskara 9, 55
Bombelli 56
Brahmagupta 21
Bürgi 22

Cantor, G. 42
Cardano 6, 50, 56
Cartesius (= Descartes)
Chrysippos 4
Chuquet 3, 9
Cotes 57

D'Alembert 42, 55
Dedekind 42
Descartes 6, 7, 10, 41, 42, 44, 46, 49
Diophant 6, 23, 41, 55

Eneström III, 58

Euklid 23, 30, 37—41
Euler 55, 57

Färber 58

Gauß 48, 57
Girard 6, 9, 56

Hamilton 55, 57
Hankel 58
Heron 20, 23, 55
Hudde 6, 10
Hultsch 19

Kaye 58
Kummer 16

Lambert 38
Leibniz 56, 57
Leman 27
Leonardo v. Pisa 21
Lietzmann 3
Löffler 2
Loria 57
Ludolph 38

Moivre, de 57

Newton 42

Ohm, M. 57

Petzval 51
Peurbach, von 22
Platon 40
Ptolemäus 41
Pythagoras 39

Regiomontan 22
Rhind 19
Riese 3
Rudolff 3, 22

Schubert 2
Steinen, von den 1
Stevin 22
Stifel 9, 41

Tartaglia 6
Theaetet 40
Theodor v. Kyrene 39
Trenchant 3
Tropfke 58

Viète 7, 22

Wallis 57
Weierstraß 12, 42
Wessel 57
Whewell 58
Wolff, Chr. v. 42.

Die sieben Rechnungsarten mit allgemeinen Zahlen. Von Oberstudiendirektor Prof. Dr. *H. Wieleitner* in München. 2., durchges. Aufl. [IV u. 55 S.] 8. 1920. (Math.-Phys. Bibl. Bd. 7.) Kart. ℛℳ 1.20

„... Die Darstellung ist ausführlich, klar und wohl disponiert, besonders wertvoll durch den deutlichen Hinweis auf gewohnheitsmäßige Irrtümer und mißverständliche Auffassungen. Sehr schätzenswert ist die Beigabe verläßlicher historischer Bemerkungen." (D. Philol.-Blatt.)

Riesen und Zwerge im Zahlenreich. Plaudereien für kleine und große Freunde der Rechenkunst. Von Oberstud.-Dir. Dr. *W. Lietzmann* in Göttingen. 2., durchges. u. verm. Aufl. Mit 18 Fig. i. T. [IV u. 58 S.] 8. 1918. (Math.-Phys. Bibl. Bd. 25.) Kart. ℛℳ 1.20

„Ob es sich ums Zählen und um Zahlsysteme, um astronomische, physikalische oder praktische Fragen handelt, ob von Schach, Kriegsentschädigung, Molekülen, Geschoßphotographien, Spaltpilzen usw. die Rede ist, immer herrscht eine federnde Leichtigkeit in der Darlegung wie im Stil." (Frankfurter Zeitung.)

Ziffern und Ziffernsysteme. Von Ministerialrat Prof. Dr. *E. Löffler*, Stuttgart. I. Teil: Die Zahlzeichen der alten Kulturvölker. Mit zahlr. Abb. 3. Aufl. [In Vorb. 1927.] II. Teil: Die Zahlzeichen im Mittelalter und in der Neuzeit. [60 S. m. Abb.] 8. 1919. (Math.-Phys. Bibl. Bd. 1 u. 34.) Kart. je ℛℳ 1.20

„Der Verfasser hat es trefflich verstanden, den reichen, vielverzweigten Stoff in einer Form darzubieten, die den Leser durch ein klares Herausstellen der Hauptgesichtspunkte, der wichtigsten Zusammenhänge fesselt und interessiert. Die beiden Bändchen bieten nicht bloß dem Mathematiker, sondern jedem Gebildeten, der sich für kulturhistorische Fragen interessiert, eine Fülle wertvoller Anregungen und Bereicherungen."
(Korrespondenzblatt für die höheren Schulen Württembergs.)

Überblick über die Geschichte der Elementarmathematik. Von Oberstudiendir. Dr. *W. Lietzmann*, Göttingen. Mit 39 Abb. [VI u. 68 S.] 8. 1926. (1. Ergänzungsh. zu Lietzmann, Mathem. Unterrichtsw.) Kart. ℛℳ 1.80

Das Heft enthält eine knappe Darstellung der Entwicklung der Elementarmathematik im Rahmen der Kulturgeschichte, eine nach Sachgebieten geordnete Behandlung der Einzelprobleme und ein kleines Mathematikerverzeichnis.

Beispiele zur Geschichte der Mathematik. Ein mathematisch-historisches Lesebuch. Von Oberstudienrat Prof. Dr. *A. Witting*, Dresden und Oberstudienrat Dr. *M. Gebhardt*, Dresden. Mit 1 Titelbild und 28 Figuren. 2., verb. Aufl. [VIII u. 62 S.] kl. 8. 1923. (Math.-Phys. Bibl. Bd. 15.) Kart. ℛℳ 1.20

Das zum Selbststudium wie auch zur Verwendung in der Schule geeignete Büchlein bringt Proben aus mathematischen Originalwerken des Zeitraumes von etwa 1000 bis 1600 v. Chr. unter Ausschaltung der Gleichungen 3ten und 4ten Grades und unter Vermeidung der Infinitesimalrechnung.

Das Delische Problem. (Die Verdoppelung des Würfels.) Von Dr. *A. Herrmann* in Cöthen (Anhalt). Mit 32 Fig. [58 S.] 8. 1927. (Math.-Phys. Bibl. Bd. 68.) Kart. ℛℳ 1.20

Nach einer geschichtlichen Einleitung führt das Bändchen in leichtfaßlicher, reizvoller Darstellung über die lehrreichen algebraischen und geometrischen Grundlagen des Problems zu dem Beweise seiner Unlösbarkeit (bei alleiniger Anwendung von Zirkel und Lineal). Dabei ergeben sich Streiflichter auf die algebraische Behandlung geometrischer Fragen sowie Ausblicke auf Siebenteilung und Quadratur des Kreises.

Das Wissenschaftsideal der Mathematiker. Von Prof. *P. Boutroux*. Übersetzt von Dr. *H. Pollaczek* in Berlin-Wilmersdorf. [ca. IV u. 256 S.] 8. (Wissenschaft und Hypothese, Bd. 28.) 1927. Geb. ℛℳ 11.—

In seinem Werke, das in deutscher Übersetzung zum ersten Male von H. Pollaczek herausgegeben wird, zeigt Boutroux allgemeinverständlich an Hand der Geschichte der Mathematik, welches die leitenden Ideen der Mathematiker aller Zeiten in ihrer wissenschaftlichen Forschung sind.

Verlag von B. G. Teubner in Leipzig und Berlin

Math.-Phys. Bibl. 2: Wieleitner, Der Begriff der Zahl. 3. Aufl.

Aus Natur und Geisteswelt
Sammlung wissenschaftlich-gemeinverständlicher Darstellungen
Jeder Band gebunden RM 2.—

Zur Mathematik sind bisher erschienen:

Naturwissenschaften, Mathematik und Medizin im klassischen Altertum. Von Prof. Dr. J. L. Heiberg. 2. Aufl. Mit 2 Figuren. (Bd. 370.)

Einführung in die Mathematik. Von Studienrat W. Mendelssohn. Mit 42 Fig. i. T. (Bd. 503.)

Arithmetik und Algebra zum Selbstunterricht. Von Geh. Studienrat Prof. P. Crantz.
I. Teil: Die Rechnungsarten. Gleichungen ersten Grades mit einer und mehreren Unbekannten. Gleichungen zweiten Grades. 8. Aufl. Mit 9 Fig. im Text. (Bd. 120.) II. Teil: Gleichungen. Arithmetische und geometrische Reihen. Zinseszins- und Rentenrechnung. Komplexe Zahlen. Binomischer Lehrsatz. 6. Aufl. Mit 21 Textfiguren. (Bd. 205.)

Lehrbuch der Rechenvorteile. Schnellrechnen und Rechenkunst. Von Ing. Dr. J. Bojko. 2. Aufl. Mit zahlreichen Übungsbeispielen. (Bd. 739.)

Kaufmännisches Rechnen zum Selbstunterricht. Von Studienrat K. Dröll. (Bd. 724.)

Graphisches Rechnen. Von Prof. O. Prölß. Mit 164 Fig. i. Text. (Bd. 708.)

Die graphische Darstellung. Eine allgemeinverständliche, durch zahlreiche Beispiele aus allen Gebieten der Wissenschaft und Praxis erläuterte Einführung in den Sinn und den Gebrauch der Methode. Von Hofrat Prof. Dr. F. Auerbach. 3. Aufl. Mit zahlr. Fig. i. T. [In Vorb. 1927.] (Bd. 437.)

Praktische Mathematik. Von Prof. Dr. R. Neuendorff.
I. Teil: Graph. Darstellungen. Verkürzt. Rechnen. Das Rechn. m. Tabellen. Mech. Rechenhilfsmittel. Kaufm. Rechnen im täglichen Leben. Wahrscheinlichkeitsrechnung. 3. Aufl. Mit 29 Fig. im Text und 1 Tafel. (Bd. 341.)
II. Teil: Geom. Zeichnen. Projektionslehre, Flächenmessung, Körpermessung. Mit 133 Fig. (Bd. 526.)

Maße und Messen. Von Dr. W. Block. Mit 34 Abbildungen. (Bd. 385.)

Vektoranalysis. Von Privatdozent Dr. M. Krafft. [In Vorb. 1927.] (Bd. 677.)

Einführung in die Infinitesimalrechnung einer mit histor. Übersicht. Von Prof. Dr. G. Kowalewski. 3., verb. Aufl. Mit 18 Fig. (Bd. 197.)

Differentialrechnung unter Berücksichtigung der prakt. Anw. in der Technik, mit zahlr. Beisp. u. Aufg. versehen. Von Studienrat Privatdoz. Dr. M. Lindow. 4. Aufl. Mit 50 Fig. i. T. u. 161 Aufg. (Bd. 387.)

Integralrechnung unter Berücksichtigung d. prakt. Anw. in d. Technik, mit zahlr. Beispielen u. Aufgaben versehen. Von Studienrat Privatdoz. Dr. M. Lindow. 3. Aufl. Mit 43 Fig. i. T. u. 200 Aufg. (Bd. 673.)

Differentialgleichungen unter Berücksichtigung der praktischen Anwendung in der Technik mit zahlr. Beispielen und Aufgaben versehen. Von Studienrat Privatdoz. Dr. M. Lindow. Mit 38 Fig. im Text und 160 Aufgaben. (Bd. 589.)

Ausgleichungsrechnung nach der Methode der kleinsten Quadrate. Von Geh. Reg. Rat Prof. E. Hegemann. Mit 11 Figuren im Text. (Bd. 609.)

Planimetrie zum Selbstunterricht. Von Geh. Studienrat Prof. P. Crantz. 3. Aufl. Mit 94 Fig. (Bd. 340.)

Ebene Trigonometrie zum Selbstunterricht. Von Geh. Studienrat Prof. P. Crantz. 4. Aufl. Mit 50 Fig. im Text. (Bd. 431.)

Sphärische Trigonometrie zum Selbstunterricht. Von Geh. Studienrat Prof. P. Crantz. Mit 27 Fig. (Bd. 605.)

Analytische Geometrie der Ebene zum Selbstunterricht. Von Geh. Studienrat Prof. P. Cranz. 4. Aufl., durchges. von Stud.-Rat Dr. M. Hauptmann. Mit 55 Figuren im Text. (Bd. 50.)

Einführung in die darstellende Geometrie. Von Prof. P. B. Fischer. Mit 59 Fig. (Bd. 54.)

Geometrisches Zeichnen. Von Zeichenl. A. Schudeisky. Mit 172 Abb. im Text u. a. 12 Taf. (Bd. 562.)

Projektionslehre. Die rechtwinklige Parallelprojektion und ihre Anwendung auf die Darstellung technischer Gebilde nebst Anh. über die schiefwinklige Parallelprojektion, in kurzer leichtfaßl. Darst. f. Selbstunter. u. Schulgebrauch. Von Zeichenl. A. Schudeisky. 2. Aufl. Mit 165 Fig. i. Text. (Bd. 564.)

Grundzüge der Perspektive nebst Anwendungen. Von Geh. Reg.-Rat Prof. Dr. K. Doehlemann. 2., verb. Auflage. Mit 91 Figuren und 11 Abbildungen. (Bd. 510.)

Photogrammetrie. Von Dr.-Ing. H. Lüscher. Mit 78 Fig. im Text u. a. 2 Tafeln. (Bd. 612.)

Mathematische Spiele. Von Dr. W. Ahrens. 4., verb. Aufl. Mit 1 Titelbild u. 78 Fig. (Bd. 170.)

Das Schachspiel und seine strategischen Prinzipien. Von Dr. M. Lange. 4. Aufl. Mit 1 Schachbrettafel und 43 Diagrammen. (Bd. 281.)

Verlag von B. G. Teubner in Leipzig und Berlin

Mathematisch-Physikalische Bibliothek

Fortsetzung der 2. Umschlagseite

Darstellende Geometrie des Geländes und verwandte Anwendungen der Methode der kotierten Projektionen. Von R. Rothe. 2., verb. Aufl. (Bd. 35/36.)
Karte und Kroki. Von H. Wolff. (Bd. 27.)
Konstruktionen in begrenzter Ebene. Von P. Zühlke. (Bd. 11.)
Einführung in die projektive Geometrie. Von M. Zacharias. 2. Aufl. (Bd. 6.)
Funktionen, Schaubilder, Funktionstafeln. Von A. Witting. (Bd. 48.)
Einführung in die Nomographie. Von P. Luckey. 2. Aufl. I. Die Funktionsleiter. (Bd. 28.) II. Praktische Anleitung zum Entwerfen graphischer Rechentafeln. (Bd. 59/60.)
Theorie und Praxis des logarithmischen Rechenstabes. Von A. Rohrberg. 3. Aufl. (Bd. 23.)
Mathematische Instrumente. Von W. Zabel. I. Hilfsmittel und Instrumente zum Rechnen. II. Hilfsmittel und Instrumente zum Zeichnen. [In Vorb. 1927.]
Die Anfertigung mathematischer Modelle. (Für Schüler mittlerer Klassen.) Von K. Giebel. 2. Aufl. (Bd. 16.)
Mathematik und Logik. Von H. Behmann. (Bd. 71.)
Mathematik und Biologie. Von M. Schips. (Bd. 42.)
Die mathematischen und physikalischen Grundlagen der Musik. Von J. Peters. (Bd. 55.)
Mathematik und Malerei. 2 Bände in 1 Band. Von G. Wolff. 2. Aufl. (Bd. 20/21.)
Elementarmathematik und Technik. Eine Sammlung elementarmathematischer Aufgaben mit Beziehungen zur Technik. Von R. Rothe. (Bd. 54.)
Finanz-Mathematik. (Zinseszinsen-, Anleihe- und Kursrechnung.) Von K. Herold. (Bd. 56.)
Die mathematischen Grundlagen der Lebensversicherung. Von H. Schütze. (Bd. 46.)
Riesen und Zwerge im Zahlenreiche. Von W. Lietzmann. 2. Aufl. (Bd. 25.)
Geheimnisse der Rechenkünstler. Von Ph. Maennchen. 3. Aufl. (Bd 13.)
Wo steckt der Fehler? Von W. Lietzmann und V. Trier. 3. Aufl. (Bd. 52.)
Trugschlüsse. Gesammelt von W. Lietzmann. 3. Aufl. (Bd. 53.)
Die Quadratur des Kreises. Von E. Beutel. 2. Aufl. (Bd. 12.)
Das Delische Problem (Die Verdoppelung des Würfels). Von A. Herrmann. (Bd. 68.)
Mathematiker-Anekdoten. Von W. Ahrens. 2. Aufl. (Bd. 18.)
Scherzaufgaben und Probleme. Von J. Preuß. [In Vorb. 1927.]
Die Fallgesetze. Von H. E. Timerding. 2. Aufl. (Bd. 5.)
Kreisel. Von M. Winkelmann. [In Vorb. 1927.]
Perpetuum mobile. Von F. Bartels. [In Vorb. 1927.]
Atom- und Quantentheorie. Von P. Kirchberger. I. Atomtheorie. II. Quantentheorie. (Bd. 44 u. 45.)
Ionentheorie. Von P. Bräuer. (Bd. 38.)
Das Relativitätsprinzip. Leichtfaßlich entwickelt von A. Angersbach. (Bd. 39.)
Drahtlose Telegraphie und Telephonie in ihren physikalischen Grundlagen. Von W. Ilberg. (Bd. 62.)
Optik. Von E. Günther. [In Vorb. 1927.]
Dreht sich die Erde? Von W. Brunner. 2. Aufl. [U. d. Pr. 1927.] (Bd. 17.)
Die Grundlagen unserer Zeitrechnung. Von A. Barneck. (Bd. 29.)
Mathematische Himmelskunde. Von O. Knopf. (Bd. 63.)
Mathem. Streifzüge durch die Geschichte der Astronomie. Von P. Kirchberger. (Bd. 40.)
Theorie der Planetenbewegung. Von P. Meth. 2., umgearb. Aufl. (Bd. 8.)
Beobachtung des Himmels mit einfachen Instrumenten. Von Fr. Rusch. 2. Aufl. (Bd. 14.)
Grundzüge der Meteorologie. Von W. König. (Bd. 70.)

Verlag von B. G. Teubner in Leipzig und Berlin

MIX
Papier aus verantwortungsvollen Quellen
Paper from responsible sources
FSC® C105338

If you have any concerns about our products,
you can contact us on
ProductSafety@springernature.com

In case Publisher is established outside the EU,
the EU authorized representative is:
**Springer Nature Customer Service Center GmbH
Europaplatz 3, 69115 Heidelberg, Germany**

Printed by Libri Plureos GmbH
in Hamburg, Germany